"科学好简单"丛书

快跑，狗狗"科学家"来了

[阿根廷] 迭戈·戈隆贝尔　主编
[阿根廷] 马丁·德·安布罗西奥　著
于　杨　译

U0274858

南海出版公司

2023·海口

关于本书

一只爱上月亮的狗

很久很久以前，有一只狗一直对着月亮唱歌。借着夜里迷离的满月洒下的银光，它在屋顶和原野间穿行，寻找着远方的地平线。这只狗因为心中的爱而哀叫：白天它在阳光下只能毫无意义地等待，到了夜里，它就开始歌颂月亮的不同形态——月相每一点微小的变化都值得它歌颂一番。当一轮满月挂在天空的时候……啊！对它来说满月之夜就是最大的恩赐，是他生命中真正的狂欢！它贴在烟囱边上，嘴角留着因爱而生出的幸福的唾液，向天边那既催人入眠又充满诱惑的女神献吻。

故事就发生在这样一个月圆之夜。它爬上一个屋顶的平台。爱蒙蔽了它的双眼，它甚至感觉到月亮在回应它：

又白又冷的月光柔和地在它的身上游走，温暖着他的背，而它的躯体也渐渐和璀璨的星空融为一体。它一会儿变成天空，一会儿变成明月，一会儿又变成整个黑夜。这些改变都在瞬间发生，一股在它体内回转的暖流使它脊背拱起、毛发倒竖，给它带来了一种难以名状的快感。为了让自己更配得上天上的爱人，它把自己的身体和内心舔舐得干干净净，不断向月亮抛着媚眼。过了一会儿，它便从夏夜的屋顶上欢快地吠着跑远了。[*]

　　这部科普丛书是由科学家（和一小部分新闻记者）编写而成的。他们认为，是时候走出实验室，向你们讲述一些专业科学领域奇妙的历程、伟大的发现，抑或是不幸的事实。因此，他们会与你们分享知识，这些知识如若继续被隐藏着，就变得毫无用处。

迭戈·戈隆贝尔

---

[*] Tomado de Golombek, D., Así en la Tierra, Buenos Aires, Simurg, 2000.

自序

我在路上开着车，前面碰到一只狗。我要停车吗？我要松油门吗？绝不！我还要加速！砰！就是这样！这只狗永远地告别了这个世界。难道它不是更幸福了吗？

——［美］雷·布莱伯利，《死亡之日》

作为作者，首先我必须诚心实意地告诉大家：狗这种动物完全不讨我喜欢。这种"属于魔鬼"的动物总是肆意地在城市的广场上和植物园里排便，还总是狂吠不止，使人不得安眠。但从某种程度上说，城市的运行遵从的是狗这种四足动物的生活习性。其实不需要我们到处去找，布宜诺斯艾利斯就是为数不多的有着一大批"一个人遛一群狗"人士的城市之一。他们每个人都各自牵着许多品种不一的狗遛来逛去，整体上看起来就像是一个"大熔炉"[①]（此外，还有一种描述可能让人难以辩驳：我们所认为的这种"一人多狗"的组合实际上是一种"奇妙的生物"，这种"生物"是由几十条不同品种狗的腿和一个人的头构成的，这些狗的腿和人的头通过毛色杂乱的狗皮和一根结实的牵狗绳相连）。另外，在如今的乡下，因为狗的警报作用已经被电子报警器取代，所以它们现在能做的就只剩下对马狂吠和惹人心烦而已。

　　确实，有些狗很漂亮（爱尔兰雪达犬看上去非常惹人喜爱，但必须和它保持安全距离，还得捂住自己的耳朵），而且在导盲方面也很有用处，但是人们对于狗的厌烦、蔑视和惧怕还是占了上风。因此，曾经的观点将不可避免地受到影响，这种影响不单单来自观点的选择，更来自于我通过"一层厚厚的眼镜"来观察狗的问题的这一行为。

[①]　此处的意思可能是，这是一种在阿根廷独有的现象，虽然让人困惑，但当地人引以为傲，然而，据称至少在纽约也有这样遛狗的人。[②]

[②]　若无特别说明，页下注均为作者原注。——编辑注

　　为了本书的创作，我进行了大量的调查研究。这让我更加确信，对于"狗"这种客观存在的事物的研究远比忍受爱尔兰雪达犬那魔鬼般的狂吠和乱舔要有趣得多。

　　但无论如何，我也不会极端到向虽然拥有上千年的文化却在日常生活中喜食狗肉的韩国社会表达敬意。还有一个可能说起来没什么意义的事例，根据作家米歇尔·维勒贝克在作品《平台》中的描述："居住在泰国北部的阿卡族人完全不顾政府所作出的努力，在罂粟种植这一传统农业活动方面表现糟糕。他们勉强算是泛灵论者，以狗肉为食。"

　　同样，虽然很多人反感亚洲人吃狗肉的风俗，甚至组织全球范围的游行示威来进行抵制，但我们完全没有依据说在西方历史上就从未有过吃狗肉的风俗。瑞典历史学家卡尔·格林伯格和拉格纳·斯万斯特姆说，在 1848 年革命前夕发生的那场几乎席卷整个欧洲大陆的经济危机期间，欧洲人不得不开始通过吃狗肉来维生。他们说，当时连年的歉收造成了惊人的食物短缺，那时候"市场上的女人们连鱼鳞、鱼头和鱼的内脏都要争抢，狗肉以每磅 6 分钱的价格出售"。两位历史学家并没有提到这个现象是否普遍，但我们可以认为，在当时的情况下这个现象应当是普遍存在的。[1]

经过再三考虑，我觉得有义务表明一下我创作本书的初衷。我并不想制造什么激烈的抵触情绪，而是希望当你的小黑狗躺在你的脚边时，你能轻抚着它的皮毛，安静而舒适地把本书读下去。

---

[1] Historia universal, Buenos Aires, Círculo de lectores, 1985, tomo 10.

献给

华金·阿尔巴雷约

法比奥·博斯卡

赫苏斯·基德罗

卡洛斯·圣地亚安

和奥拉西奥·维比斯基

致谢辞

我要感谢塞西莉亚·索萨，卡洛斯·卡拉贝利，何塞·德·安布罗西奥，迭戈·戈隆贝尔，M.阿莉西亚·伊里巴伦，哈维尔·洛卡，阿莉西亚·纳瓦罗，尼古拉斯·多尔加切尔和维吉尼亚·比西尼。

马丁·德·安布罗西奥

　　马丁·德·安布罗西奥于 1977 年出生于阿根廷圣罗莎，于布宜诺斯艾利斯大学学习传播学。2000 年至 2005 年间为《第十二页》的增刊《未来》与《雷达》工作，后转剪影日报社，并从 2008 年开始担任《科学·医药·技术》专栏副主编。2004 年发表"科学好简单"丛书中的单册《快跑，狗狗"科学家"来了》，后来与迭戈·戈隆贝尔共同在《当今科学的发展是如此野蛮》和《布宜诺斯艾利斯正在思考》中汇编科学家们的谈话。他还参与一些与科学有关的电视节目剧本的创作，并且开设科技新闻与科学史的课程。2007 年，马丁·德·安布罗西奥荣获标志着"年度最佳科学人物"的剪影奖。

目录

第一章

从这里开始

我创作本书的主要意图是讲述一些故事。在这些故事中，为了满足"冷漠无情"的科学家们强大的好奇心与求知欲，狗被迫做出了各种各样的牺牲。这种行为带来的焦虑不安有时会引发深层次的矛盾，会让我们去想该用什么样的法则来统领这个世界（然后顺便看看这些所谓的法则是否存在，不过这已经超出了我们讨论的范畴）。接下来将提到的这些事例并不会囊括所有"狗和科学家有交集"的事例。我们要做的，就是讲述那些最有意义、最为著名，或者是最令人好奇的科学事件，比如：著名的巴甫洛夫的狗，非自愿上天的狗莱卡，还有那些帮助阿根廷科学家奥赛拿下诺贝尔奖的无名的狗们。当然，我们也会提到其他一些历史上或是传说中的狗（我们都知道，有时候这两者会很容易被混淆）。

我们都是动物

虽然我们修建了数不清的城市和高速公路，生活在钢筋水泥围绕的环境当中，但我们也只是诸多共同生活在地球上的动植物当中的一员。在我们身边，生活着大量其他的动物，而其中有许多自从人类存在便开始与我们朝夕相处的。牛、鸡、鸭子、蚂蚁、老鼠、马、蟑螂……这些动物有的招人喜欢，有的令人生厌。在这儿我们不谈论那些像虱子一样用肉眼很难看到的动物，也不谈论那些根本不属于动物的真菌和病毒。

大家都知道，在科学研究领域，实验室里使用得较多的动物是各类田鼠、家鼠、豚鼠*等。因为从现代科学的发端（通常认为是在 16 世纪初）开始，人们就已经在身边的动物的生物学进程中看到了与自身生命活动的相似性，继而迅速地推断、分析或计算出，发生在动物身上的事情可能同样适用于我们人类自己。因此，有可能是因为狗在日常生活中比较常见，它便在科学研究领域里经常出现了。

带 * 名词参见名词解释。——编辑注

那些著名的狗

在绝大多数情况下，狗都频频在文化领域现身，也就是说，出现在除了科学界以外的人类文明的各个方面。说来可能让人难以相信，不同地区的人类文明，都与狗有着密切的关系。虽然这些狗总是在我们的脚边绕来绕去，但我们常常会忽视它们与人类文明的关系。要是列一份"那些著名的狗"详细清单，用这么一本薄薄的书是根本无法做到的。所以在这儿，我们只列举其中一些，比如，呤叮叮（这只德国牧羊犬在第一次世界大战中被美国军队从轰炸机中救出，后来进入了电影界），史努比（它和它的朋友查理·布朗是由漫画家查尔斯·舒尔兹创作的经典卡通形象），尼博（这个名字人们不经常提起，但又有谁没在照片上见过美国无线电公司那只把耳朵靠在一台老式留声机旁的老狗呢），莱西（它是一条将主人全家从灾难中拯救出来的雌性柯利犬。"莱西"甚至成了善良的代名词，人们常说："真是比莱西还要棒！"），动画片里的史酷比（这只大丹犬经常帮助它那傻乎乎的主人解开一些神秘的事件）和由罗贝尔托·丰达纳洛萨创作的生活在一个名叫伊诺多索·佩雷拉的高乔人身边的狗门迭塔，它的嘴里总是叨念着："你真烦人！"

　　嗯，我想这样就差不多可以继续下去了。不过，先等等……

　　啊！还有迪士尼的布鲁托！① 现在我们真的可以继续下去了。

市井词句

　　我们还要说一下那些用狗来打比方的广泛流行的表达方式。

　　"真是一只正在踢球的狗！"意思是这人踢球踢得不好。

　　"把狗给塞了进去。"意思是上当受骗。

　　"真是一只猎犬。"意思是这人非常固执。这句话用来形容那些想方设法调查事件真相的记者最为贴切。

　　"就像菜园里的狗一样。"因为菜园里的狗不吃自己看守的菜，但也绝不会让陌生人吃到。所以这句话的意思和"我不吃，别人也不能吃"的意思是一样的。

———————————

①　还有高飞，不过没人知道它到底是什么品种的狗。还有《幸运的路克》中的阮坦兰，以及《高卢英雄历险记》中陪伴奥贝里克斯的英勇的一意吠克斯。

"像狗一样转悠。"是指某人有一套固定的墨守成规的散步模式，通常都是在星期天到城市广场溜达。

最后再举一个例子（我希望读者们能试着自己去找一些这样的例子）。

"狗的孩子（狗娘养的）。"这种表达方式经常在电影中出现，用来隐晦地表达对话中的脏话。

同样还有一些与狗牙有关的表达方式，但通常只在文学创作中使用，比如"狗牙一样的日子"，意思就是天气酷热。

犬儒主义

通常来讲，用"狗"来表达的都是羞辱人的意思。就连西格蒙德·弗洛伊德都说，与狗有关的表述用在人身上的时候是贬义的，而这些表述给我们带来羞辱感的原因，是源于狗和粪便之间的特殊关系。

但在公元前 4 世纪的古希腊，存在着一个以狗的思维和品行为基础形成的哲学学派，学派成员自称"无所顾忌的人"。也许"犬儒"这个名字更为大家所熟知。该学派中最为著名的人物当属锡诺帕的第欧根尼，他的性格十分怪异：他住在一个大泥桶里（就像《八岁的奇沃》①中的奇沃一样），并且蔑视人性。据传，当年他的事情传到了马其顿的亚历山大大帝耳中，亚历山大大帝亲自前往他的居住地，并对他说他想要什么就给他什么。第欧根尼两只眼睛半闭着对亚历山大大帝说："我希望你闪到一边去，不要遮住我的阳光。"

犬儒主义者的主张不同寻常。我们在看待第欧根尼和与他同学派人士的观点和轶事时必须要意识到，在哲学领域，"犬儒主义"这个概念在当下所表达的含义是客观的、积极的。

事实上，犬儒主义学派的创始人是一位比第欧根尼名气小一些的哲学家。这位哲学家名叫安提斯泰尼，是苏格拉底的学生。在那个没有冰箱、互联网、核医学和转基因西红柿的时代，他提出要"返璞归真，重返自然"。起初安提斯泰尼并不喜欢第欧根尼，但第欧根尼以狗的行事方法要求自己，最终得以拜师于安提斯泰尼门下。第欧根尼厌弃一切世俗（包括宗教、礼节以及惯常的衣食住行方面的习俗等），决心像狗一样地生活，因此他以乞讨为生，

---

① 一部由罗贝托·戈麦斯·波拉尼奥斯主演的墨西哥电视剧。

自称是全人类，甚至是所有动物的兄弟。第欧根尼真是太像狗了，只要是他能看到的东西都可以满足他的生理需要。

第二章

"汪汪汪"，吠着，进化着

在路上走了这么久，别说是一片树荫，就连一棵树、一截树根都没有发现，但我却听到了狗的叫声。

—— ［墨西哥］胡安·复尔福，《我们分到了土地》

狼的后代

　　作为一种哺乳动物，狗能够存在应当归因于约 6500 万年前坠落于今墨西哥尤卡坦半岛的小行星，同时也与恐龙这类统治地球长达 1.6 亿年的愚笨生物最终灭绝有着密切的关系。虽然狗的数量庞大，但还不足以让它们成为动物界的优胜者。鲨鱼出现于 3.9 亿年前，但是直到如今依然只能在热带海洋里游来游去；蟑螂也一直在撼动最强者的宝座，它们开始出现在地球上的时间大约在 3.5 亿 ~ 4 亿年前（古生物学家们已经发现了一只生活在 3.5 亿年前的蟑螂，在这一点上科学家们已经达成了共识，但没有证据能够证明这就是史上的第一只蟑螂）。

　　那颗坠落的"幸运之星"撞击地球后留下了一个直径

约为 180 千米的小型环形山，让那些只有几厘米大小的小型哺乳动物得以利用这些空闲的生态栖位*繁衍生息。其他所有的哺乳动物，包括鲸鱼、狗、人类，甚至蝙蝠，都是从这些生物进化而来的。

在那场让恐龙灭绝的大灾难中，有一些哺乳动物和许多其他种类的动物存活了下来。这些存活下来的哺乳动物叫作羽齿兽。但是古生物学家们并不能确定这些羽齿兽是否就是"史上第一种哺乳动物"，因为还存在着一种身长约为 10 厘米的啮齿目动物摩尔根兽和一种名叫中华尖齿兽的小型食肉哺乳动物，它们也有可能会夺得"史上第一种哺乳动物"的宝座。总而言之，我们需要更多的证据（在这一点上科学家们倒是意见一致）。

羽齿兽和它的伙伴们生活在距今约 6300 万年前。为了了解狗的祖先——狼和古猫科动物——我们还要再往后等上 2000 万年（在它们当中最勇猛的当属剑齿虎，这才是真正的连环杀手）。据称在距今约 4300 万年前出现了一种尾巴长、爪子短、毛发浓密的食肉动物，看上去就像今天的鼬一样。它叫作小古猫，有趣的是，它也是猫和熊的祖先。

现在继续我们的犬类进化大事记。已经被记录在案的犬科动物化石中历史最久远的有 3000 万年，有证据显示它们在 2800 万年间一直在北美大陆进化发展，直到 200 万年前才到非洲大陆和南美大陆繁衍生息。更确切地说，生活在 2500 万年前的叫作新鲁狼，它是豺、狼、狐狸和狗的祖先。再过 100 万年，出现了与新鲁狼同一分支的多马克都斯狼，它同样也是狼、丛林狼、豺、狐狸和狗的直系祖先。

正如大家所看到的，大量的名词和上千万年的时间汇成了犬类进化的长河。在尖镐与铁锹的挖掘下（当然还有古代遗迹发现理论的挖掘下），一处处古生物遗迹重见天日，一块块进化的碎片也归入了古生物历史这块七巧板的原位。

无论如何，有一点是毫无疑问的——千百万年沧海桑田，狗相比狼能更好地适应对狗自己来说是奇怪的事情，直到它们适应了与人类共处。谁都知道，这绝不是一件容易的事。

品种猎奇

云山雾罩地说了一通后，我们终于能看到一些比较熟悉的面孔了。要理解起来可能有些困难（自然界充满了奥秘，而且有些奥秘即便解释了也还是令人费解），但是世界上各种形态各异的狗都是由狼这种动物一代又一代交配、繁衍而来的。这个历时 1 万～ 3 万年的过程，印证了那些广泛地被人们所接受的理论。①

可以说，与高傲的人类相比，谦卑的狗在体重、大小、颜色等方面鲜有失误地产生诸多的变化。我们清楚地知道，像尼泊尔腊肠犬这样只有半公斤重的小型犬和一百多公斤的獒犬之间明显的差别，又怎会去比较它们毛色上细微的不同呢。

另外，我们应该明白，我们所谈论的"品种"，只是在生物的某个种类中根据不同的外貌遗传特征所进行的简单归类。而且从某种意义上说，"品种"这一概念其实是人类为了偷懒而进行的创造，目的是为了对同一种类的生物进行区分。但从生物学的角度来讲，就人类自身而言，相同"品种"中两个独立的个体的差别要比来自不同家族的两个人的差别要多。因此，一些想法更加前卫的人类学家认为"品种"这一说法就是凭空杜撰的。人类染色体测序后，这一观点得到进一步的印证：随便找来的两只大猩

———————————

① 这是从属于狗基因组计划*的有关线粒体 DNA*的一项研究。该研究表明，人类驯养狗的历史已经超过了十万年，几乎和人存在的时间等长。研究数据表明，"所有的狗都是从一群被驯养的狼演化而来的"这一理论是正确的。狗和狼在线粒体 DNA 上的差别仅有 0.2%。

猩的基因差异就比两个不同"品种"的人的基因差异大得
多。①

名称，告诉我一些狗的名称

好的，教授先生：

> 萨摩耶犬，猎犬（阿富汗猎犬、爱尔兰猎狼犬、
> 英国猎狐犬、苏俄猎狼犬、萨卢基猎犬），狐梗犬，
> 梗犬（凯利蓝梗、西里汉姆梗、波士顿梗、苏格兰梗、
> 硬毛梗、斯凯梗），纽芬兰犬，阿拉斯加雪橇犬，雪
> 达犬（爱尔兰雪达犬、英格兰雪达犬、苏格兰雪达犬），
> 美国可卡犬，史宾格猎犬，斗牛犬，比格犬，拉布拉
> 多犬，波兰猎犬，北京犬，吉娃娃犬，博美犬，腊肠
> 犬，牧羊犬，圣伯纳犬，猎兔犬，拳师犬，澳洲野犬，
> 大麦町犬，寻血猎犬，贵宾犬，大丹犬，獒犬，泰国
> 脊背犬，哈士奇犬，斯皮茨犬，阿根廷杜高犬……还

---

① 该理论取自阿尔贝托·康布里特在 2011 年 3 月发表于杂志《交叉口》
第五期的文章《人类基因组》。

有许多很长的名称。总的来说，大家公认的狗的品种多达 200 ～ 300 种，其数量取决于统计者自己区分狗的品种的标准是什么。

回答完毕！我能坐下了么，教授？

它们将会光宗耀祖（或多或少是这样的）

狗的品种如此之多，这让"狗不仅仅由一个祖先进化而来"这一理论猜测看上去很有说服力。查尔斯·达尔文也相信狗有许多祖先，他在《物种起源》中指出，不同品种的狗之间存在的差异并不都是长期与人类共同生活的结果。或者换一种更加达尔文式的说法：并不是长期的人工选育造成的（这样显得更专业一些）。然而达尔文还指出，就像其他家养动物和种植的蔬菜一样，人类对每个品种的狗都有明确的需求，而这一点绝非偶然。

达尔文称："在考察了世界各地的家养犬，对所掌握数据进行艰苦的汇总后，我得到了如下结论——有一些野生犬类被人类驯养，经过许多代的杂交混合后，它们的血液流淌在了我们家养品种的血管里。"（达尔文还认为，虽然仍存在一定的疑问，但马的驯养也应该是这样；而鸡的驯养证据确凿，所有的家鸡都是由最初生活在印度的原鸡驯化发展而来的。）接下来我们将谈论一下杂交动物当中存在的不同程度的生殖能力缺失现象（比如骡子），我们还是以狗为例："几乎可以肯定狗有许多不同的野生祖先。"但是它们品种之间可以交配，这让人惊讶不已："然而，除了极少数南美印第安人的驯养犬，所有其他品种的狗都能够交配并大量繁殖。"另一篇文章（是另一个科学家的文章，我们引用的达尔文的话已经够多了）提到："当我们证实了南美印第安的一些驯养犬并不能顺利地与欧洲驯养犬交配后，在世界范围内大家都比较认可的正确解释是，这些南美印第安驯养犬的祖先与其他犬类不同。"

最终，达尔文认为最为原始的驯养犬和今天的牧羊犬有些相似。1995 年，人们在瑞士地区发现了一副 150 万年前的该品种狗的骨骼。这虽然不是什么十分确凿的证据，但至少不是完全无关的。

有很多人批判达尔文在狗的起源方面的观点，而《拜尔萨百科全书》更是对这位伟大自然学家的观点进行了大胆的驳斥："狗的品种纷繁复杂并不意味着它们有不同的祖先，而应当归因于基因突变或是人们根据自己的喜好对某些基因变异进行的选择性培育。这种情况同样也适用于马、兔子和鸽子。"[①]

当然，针对达尔文有关狗的起源的理论，在科学界有许多非常权威的反对者，但达尔文最强大的对手并不是某个人，而是遗传学（这一理论本应推翻进化论，但后来却对进化论起了巩固的作用），这恰恰是他所忽视的。达尔文不熟悉遗传学不仅仅是因为他过早地出生于19世纪，更因为"遗传学之父"孟德尔是一名出生于布尔诺（位于今捷克共和国）的修士，他的研究成果在当时没有得到广泛传播。

近些年来，脱氧核糖核酸*（英文缩写DNA）分子领域的研究达到狂热的程度，科学界为了揭示动物间的亲缘关系开展繁多的研究工作。在有关研究中，著名的美国加利福尼亚大学洛杉矶分校的科学家们进行的一项研究十分引人关注，他们比较了162只狼和140只狗（分别属于27个不同品种）的线粒体DNA，结果发现它们的DNA序列几乎一模一样。这一研究成果有力地支持了狗是在200

---

① Enciclopedia Barsa, Chicago, William Benton Editor, 1973, tomo XII (pp.11-17).

万～ 300 万年前间由狼进化而来的论点（不过，具体的年份还不是特别确定；另外一项 DNA 研究表明这一进化发生于 1000 万年前）。

加利福尼亚大学洛杉矶分校为科学界打开的这扇天窗，让一群科学家瞅准了机会。这些科学家们并不完全同意加利福尼亚大学洛杉矶分校的研究成果，反而坚持认为达尔文"狗有很多不同的祖先（进化自各种不同的狼）"的旧理论是正确的，因为他们觉得上述研究中的数据可以有多种解释。这些由罗伯特·韦恩（他同样来自加利福尼亚大学洛杉矶分校）带头的科学家声称已经有足够的证据证明"狗有很多不同的祖先"。但不论如何，除非两个阵营中的某一方能足够自信并拿出让对方哑口无言的实验成果，否则这场争论必然会继续下去。

因为狼和狗之间差别不大，所以人们把它们都归入了犬属（狗属于生物分类学中的狗种，狼属于狼种）。根据 DNA 研究结果，北美洲的两家机构（具体说就是史密森学会和北美洲哺乳动物协会）提倡改变命名方式，他们坚持认为人们不应该把狗的生物学分类叫作"狗种"，而应叫"狗狼种"，作为一个由"狼种"演变过来的种（这又引发了一场新的争论，因为确定动物学名的方法有两种：一种是由瑞典博物学家林耐发明的"二名法"；另一种是现代创新的一种命名法，叫作"三名法"，旨在明确地表示出我们对动物王国复杂性日益增长的了解）①。

因此，如果这场命名的革命得以实施，狗就会成为狼的一个"亚种"。支持这一立场的科学家们的理由是狗和狼之间的基因相似度实在是太高了（线粒体 DNA 相似度高达 99.8%），把这两种动物作为完全不同"种"的动物是完全错误的。

事情到此绝对还没有画上句号，对于有关课题的调查研究还有很多，随时都可能会有最新消息发布。

一同前行

从古老的犬科动物和古老的智人（可能还有更为古老的尼安德特人和克罗马农人，这个我们暂且不提）开始分享彼此的生活方式来看，这段人狗之间的故事一定是非常

---

① "狗种"表示的是"普遍意义上的狗"，而加上"狼"这个字，想要表达的是这种动物还具有狼的征，而这一点用二名法命名是无法表达出来的。三名法可以用来给所有生物命名，名字里既能表现出生物所属的属（属是种的上级，是对应种的集合），又能表现出生物所属的种。

有趣的，至少是可信的。古生物学家们说，一开始人类和野生狗在狩猎方面是竞争对手，在各自的群体里谋求生存。渐渐地，人类发现狗有一些特性是人类无法与之匹敌的，比如敏锐的嗅觉和听觉。因此，与其双方在"谁打到的猎物更多"这种问题上争来争去，不如联合起来组成一个"合作狩猎队"，然后在享用美食的时候再各取所需（或者从那时起狗就已经习惯了吃人类的残羹剩饭？）。此外，狗在夜间警戒方面的作用也被人类发掘出来，更不用说它们在驯养诸如山羊、驯鹿这些其他物种方面与人类完美合作的效果了。

　　一些文学家坚持认为，原先一些由穴居的人类带回来的小狗是用来做午餐的，但是某个可爱的小女孩非常喜欢它们，她的父母没法从女儿手中拿走这些小狗去做饭。这个温馨版本的推测，认为人类是先有了驯养狗的意愿，然后才对它们的使用价值逐渐了解。动物行为学*的先驱之一、维也纳人康拉德·洛伦茨提出了一个较为中庸的故事版本："我们可以想象一个十分喜欢'和玩具娃娃玩'的女子偶然见到了一只遭到遗弃的小狗崽，便把它带回家里养了起来。或许这只小狗是一窝被老虎洗劫过的小狗中唯一的幸存者。"洛伦茨指出，很可能这个女子的母性本能被这只小狗唤醒，便把它一直留在了家里。虽然我们对于这方面的认识不足，但可以揣测当年被那名女子收养的应该是一只胡狼①。在各品种狗的起源方面，洛伦茨也倾向于"狗有多个祖先"的假设，但是并不与达尔文所坚持的观点完全一致："唯一可以肯定的一点是，与先前大家普遍认为的不同，现在大多数驯养犬的直系祖先并非北欧狼。实际上，体内流淌的血液大部分来自狼的狗还是少数。"我们能列举出一些"与狼的相似性绝不仅限于外表的狗——爱斯基摩犬、萨摩耶犬、西伯利亚莱卡犬、松狮犬以及一些其他犬种——这些狗全部来自非常靠北的地方。但是这些犬种没有一种的血液是完全来自狼的"，洛伦茨证实。因此，这位德国生物行为学家指出的狗的两个起源（狼与胡狼）甚至让他在脑海中有了画面，并坚持认为这两种"阶层"不同的狗在性格上也有较大的出入。

　　不同的狗有着显著的地域分散特征。150万年前，人

---

① 胡狼是一种很像狼的哺乳动物，但是比狼体型要小，也没有狼那么危险。胡狼与狗和狼拥有相似的牙齿结构、眼部结构和孕产周期，以腐肉、家禽和体型小于自己的哺乳动物为食。现存的胡狼品种有亚洲胡狼、测纹胡狼、黑背胡狼和埃塞俄比亚胡狼。

类穿越白令海峡①（这是位于俄罗斯东岸与阿拉斯加之间经常冰封的海域，通过该海峡进行移民更加便捷）迁往北美大陆和南美大陆，在这股移民潮中，形形色色的狗也随着人类迁移。当欧洲人在美洲进行了5个世纪的殖民后，他们发现上到阿拉斯加，下到巴塔哥尼亚高原，到处都有狗。虽然品种千差万别，但的确都能被称作"狗"（就是说它们都是狗，而不是其他什么别的东西）。

那么，如今遍布世界的品种繁杂的狗是如何从那么寥寥数种的狼发展而来的呢？为了搞清楚这个问题，我们还得回到达尔文那里寻找答案。

达尔文在建立起他那套举世闻名的理论后，便开始区分驯养动物和家养动物中的变种。这些区分虽然有证可循，但是差异越来越小，因为这些显性性状＊的发生取决于该物种生活的环境。达尔文还将其称为"无意识选择"——饲养动物的人总是从一窝里面挑选最好的样本然后让其与另一窝里最好的样本进行交配。通过这种方式——由每个

① 还有一个与本书的主旨和内容好像没什么关系，但很有意思的资料：反向道路，也就是从阿拉斯加—白令海峡—西伯利亚，美洲到达欧洲的道路。通过这条道路，来自北美平原的马的祖先到达了亚洲。而到了16世纪，这些马的后代又跟随欧洲人征服了北美大陆。

饲养者认定好的特征的关键是什么——家养动物产生了演化，这种演化很不明显，因为仅仅需要几年的时间；但是从几个世纪的时间流逝的角度来看，这演化的成果是成几何增长的。因此，围绕在我们身边的形形色色的狗与演化有很大的关系，这种演化是它们被动接受的还是主动发生的，这一点很难说。总之，这些原本是狼的动物因为生活在人的身边，因为相互间的需要而渐渐发生了改变。

互利共生：你的生活就是我的生活

在物种进化的普遍性特点中，有一种叫作共生现象*。这种现象不胜枚举，并且向我们展现某些完全不同的生物的共同进化。物种的共生大多是以一种十分紧密的方式存在的，以至于两者中间若有一方消失，另一方也将无法生存（当然这种一方凭空消失的情况是不会出现的）。

自然界中存在许多这样的共生现象。比如，非洲的一些鸟类和犀牛、长颈鹿的关系就是这样：这些鸟以那些偶蹄目动物*皮肤上的寄生虫为食，这对于犀牛和长颈鹿来说是一种皮肤上讨厌的小虫子被清理掉的活动。还有一些昆虫在取食花朵的同时也将植物的花粉和果实散播开来。有一些共生现象的例子是非常奇怪的，地衣（生长于类似巴塔哥尼亚高原这种干燥而多风的地方，常常附在树皮上）实际上是一种真菌和藻类共生的植物，若在实验室里将它们分离，依然可以单独存活；真菌能够防止整个结合体脱水，而藻类通过光合作用为整个生命系统提供能量。在自然界中，它们像一个物种一样生存繁殖（在自然界还存在这种类型的共生现象。生物学家琳·马古利斯提出过一个在当时受到抵制，如今却被普遍接受的理论：细胞中的线粒体和携带 DNA 片段的能量碎片实际上是由寄生在细胞内的古代病毒进化而来的）。

　　在动物与人的关系中，我们可以以家牛为例——要是没有人类存在，家牛肯定是无法自己生存下来的。当然，我们还要注意到这些动物要走向灭亡的必要条件：如果有别的食肉动物存在，又有什么家养动物能在没有人类的保护下生存下来呢？不论怎样，在一个与其他物种斗争的环境中，家牛那种温顺的性格可能帮助它作为一个物种生存下来。虽然严格来说这应该是一个"极端驯化"而非共生现象的典型事例，但完全可以用来作为佐证。

　　另一个例子就是狗。狗利用我们之前提到的生态栖位与人类共同进化①，这个生态栖位就是一个物种在食物链上占据的位置，一旦该物种灭绝，这个生态栖位就空了出来。和家牛一样，如果没有千百年来在纷繁复杂的文明社会中一直喂养它们的人类，狗要想生存下来必须让自己变得更加凶悍。因此，人类与狗之间这种无声的交流应当是这样的：我们喂养、照顾狗，以此来根据我们自己的喜好和利益干预狗的进化进程。

分类，再分类，然后将会留下些什么？

在对狗进行描述的时候，首先出现的便是狗的分类。那么从进化的角度如何给狗进行分类呢？很明显，正如我们看到的，狗在人类社会中各种各样的功能决定了人类对它的分类也是多样的。因为生活在人身边的狗，总是在某一个方面发生着改变②。在历史上，精挑细选的最好的狗都用来当作牧羊犬，它们负责让畜群安静地在圈定的范围内吃草，防止家畜跑掉；嗅觉最灵敏的狗变成追踪犬；速度最快的狗用来追赶猎物；一些专门用来负重和运输；一些

---

① 也就是说，在人类身边、同人类一起改变习性特点。
② 改编自之前提到过的达尔文的解释：通过饲养者的人工选择。

经过训练可以杀死别的小型动物，比如各种类型的梗犬；还有的用来守卫监视。而在现代社会，狗更是被用来满足各类需求：拖拉雪橇、寻找矿藏、为警察服务、为盲人引路……狗作为宠物的风尚始于宫廷，到现在我们可以说，宠物狗发生了许多变化，已经很难看到它们古时候为人类提供功能性服务的一丁点儿样子了。宠物狗通常来说体型较小；运动能力强的都是猎犬，人们为了它们能在较长的距离中高速、持续地奔跑而喂养它们。因此，这些狗很难适应城市里平静的生活。

（我们要意识到，进化并不是通过后天特征的遗传进行的，而是通过已经记录在基因当中，并且其显示出的性状为人类所注意和利用的特征的遗传而进行的。人类在这一过程中扮演了选拔者的角色，让拥有自己最喜欢的性状的个体进行繁殖，然后从中找出拥有这一性状的几个个体进行繁殖，再从中找出拥有这一性状的几个个体进行繁殖；如果想要达到更好效果，就再从中找出拥有这一性状的几个个体进行繁殖；就这样不断进行下去。）

第三章

历史由赢家书写

（可不是由那些乱叫的狗）

在卡戎河^①的船夫的故事里，船头上有没有一只狗？
船夫之狗。请叫我库丘。我们都要前往死亡之谷。

—— ［美］斯蒂芬·金，《狂犬库丘》

---

① 虽然该书作者，或者说是该书译者说的是"卡戎河"，但卡戎实际上是
希腊神话中冥王哈德斯的船夫，他的工作是将灵魂渡过地狱之水。

历史上的狗，神话中的狗

当人类走出了史前时代*并开始使用文字时，狗的"自然"进化也成了历史。我们都知道，在那时，人们常常把不明确的事情加以创作，变成了神话故事。其实我们只要认真想一想就不难发现，神话故事所散发的光芒照耀着构思创作它的民族，而民族也是在他们自己的神话故事引导下构建发展起来的。

美国作家安布罗斯·比尔斯（那个外国老家伙）① 对于

————————

① 1913年，一个名叫比尔斯的71岁老人因为担心自己死得过于平凡，在其他人毫不知情的情况下只身一人逃离故土前往墨西哥，越过祖国的边境去打仗，希望自己能作为一个士兵"光荣赴死"。"外国老家伙"是路易斯·布恩索根据对比尔斯最后一段日子的猜测所拍摄的电影的名称。

狗的极其主观的定义可能无人可以超越："狗，身上附着神行的一种动物，用来接受世界上无处安放的崇敬与礼赞。这种神圣的动物占据着女士们心中（当它化为最娇小柔弱的肉身的时候）任何一个男人都无法触碰的一隅。它们既不工作又不参加竞赛，一身肥膘、气喘吁吁地瘫坐在门毯上，在周围环绕着的苍蝇的嗡嗡声中度过一整天。而它的主人为了谋生，为了大人物一个简单的手势、一次认可与理解的目光而辛劳地工作着。"①

　　除了有关"什么是狗"的释义，还有一系列广为流传的故事。这些故事有些诙谐可笑，有些带有神话色彩，但主角都是狗。这些故事中，有一个讲的是一场狗的大型聚会。故事发生在很久很久以前，参加聚会的狗们陆续到达事先约好的大厅，把各自的尾巴取下来放在更衣室。就在它们伴着音乐推杯换盏、畅所欲言的时候，突发某种状况（可能是来了一辆捕狗车，可能是发生火灾，也可能是狗的恶魔之类的东西出现了），它们不得不纷纷逃离。慌忙中，它们从一堆尾巴里随便抓起一条就忙着逃命。在科学

---

① Tomado del Diccionario del Diablo (o Diccionario del cínico), Madrid, Cátedra, 1999. 据说有一个由作者和阿根廷记者鲁多尔夫·华尔士共同翻译的版本，要比这个版本好一些。

界看来，对于"为什么狗总是嗅来嗅去"这个问题，"找
到自己本来的尾巴"应该是最能被人类接受的答案。然而，
一些更正经的科学家认为，狗到处闻气味实际上是在试图
捕捉气味中的化学信号，通过这些化学信号，它们可以判断
出是否有和某个异性同类繁育后代的可能，或是其他有用的
信息。毫不夸张地说，狗是通过鼻子了解、认识这个世界的，
它们的嗅觉比人类要强上 20 倍（而且它们的听觉接受能力
也比人类强了至少 20 倍），可以说嗅觉就是狗的一切信息
来源。通过嗅觉，一只狗可以知道其他的同类都吃了什么，
是敌是友，以及诸如此类的其他信息。一直经过训练的狗甚
至可以甄别出另一只狗被稀释到百万分之一的尿液。

首先，是神话中的狗

人们常常拿"狗"来骂人，但没有什么比"狗娘
养的"更狠的话了。但是这一切都是出于人类武断的
标准，是人类创造和使用语言。而那些完全不懂人类
的语法词汇的可怜的狗，却无辜地加入了人类的争吵。

——［葡］若泽·萨拉马戈，《里斯本围城史》

　　世界上各个文明并不总是将狗神化，也有人认为狗是最不洁的动物，或认为以"狗"喻人是能想象到的最严重的侮辱。可能是为了补偿，天文学中一些恒星群非自愿地被赋予与狗相关的命名。有一个星座被命名为"犬"，星座内有一颗恒星每年 7 月 27 日都会出现在北半球的天空。这颗恒星能够预示炎热干旱的天气的到来。这个星座之所以叫作"犬"，是因为在古希腊神话中，有两只狗跟随俄里翁打猎，愤怒的狄安娜决定将这两只狗变成星星（俄里翁也想这样做）。星座中最亮的恒星名叫小犬座，距离地球约 11 光年。在大犬座和小犬座之间横亘着银河系。

　　天主教中被狗拯救的圣罗克的故事也能够改变狗与败类的对等关系。通常我们在邮票上看到的圣罗克是一条腿笔直、另一条腿微弯地站着的形象，他身旁有一只叼着一块面包的狗。据称，罗克于 14 世纪初（还有记载称是在 1295 年）出生于法国南部城市蒙彼利埃，是一位富商的儿子。但是他感知到了召唤，决定变卖家产，背井离乡去救死扶伤、济弱扶贫（鼠疫在当时肆虐欧洲）。没过多久，罗克发现自己也染了病。为了不传染给别人，罗克隐退到森林里静静等待死神的来临（这绝对是圣徒的作为）。在森林里等死的日子里，每天都会有一只狗给罗克送来面包，这让他的身体渐渐康复起来。狗的主人不知道它都去干吗了，于是在好奇心的驱使下，他在一个早晨跟着自己的狗走进森林，发现了虚弱的罗克并带回家，给他治好了病。后来，不知是为什么，这位未来的圣徒死在一座意大利的监狱里，并被一个密探（有待查考）埋在了那儿。这就是圣罗克身边的狗也被神化的原因。历史上有很长一段时间，巴塞罗那的人们在圣罗克日的第二天都要纪念拯救罗克的狗（这两天分别是 8 月 16 日和 8 月 17 日）。为了纪念它，所有的狗在这一天都可以进入教堂。

说到圣徒，在 12 世纪，欧洲有一个非常奇怪的崇拜——对圣古纳弗的崇拜。实际上，古纳弗不过是一只死于主人过失的猎兔犬。当古纳弗的主人发现自己犯下这个不可挽回的错误时感到万分惋惜，便决定用自己能想到的最好的方式加以弥补，那就是把他的爱狗神圣化。但对于这只狗的崇拜从未获得教会的批准，并且一直被打压。直到如今，圣古纳弗也不过是百科全书里一个有意思的条目而已。据称，这只神圣的狗专门帮助孩子和瘫痪的人。

有一件我认为大部分人都会认同的事情——地狱里是有狗的。其中最著名的一定是塞比骆。这只恶犬看守在冥界的门口（在斯堤克斯河，与冥王哈德斯看守的大门相隔不远），职责是不让还没死的人进入，也不让囚禁着的灵魂出逃。这是一只奇怪的狗：它有三个头，生着一条蛇的尾巴，体侧还长着百十个蛇头。但丁·阿利吉耶里在《神曲》中用了一些富有感情的词句来描写这只狗。根据这位意大利诗人所写的，这只狗只负责看守第三层地狱（与贪婪有关的地狱）：

> 塞比猡，一只凶猛的怪兽，
>
> 有着三个喉咙，像狗一样地，
>
> 对着那些沉默在水里的幽灵狂吠。
>
> 他的两眼发红，他的胡须油腻而发黑，
>
> 他的肚腹阔大，他的双手有爪；
>
> 他抓住那些阴魂，把他们剥皮，撕裂。[①]

　　塞比猡有一个兄弟，名叫欧特鲁斯。据说它也有好几个头，还有蛇的尾巴。它为了守卫主人革律翁的牛被赫拉克勒斯杀死。

_____

① Versión de Luis Martínez de Merlo para Editorial Cátedra, Madrid, 1999.

在北欧的中世纪传说中也有一只像塞比罗一样看守死者的狗，名叫加姆。这只名叫加姆的狗十分骇人听闻——总是全身沾满死者的鲜血（有时它身上的血也会是那些妄图闯入海姆冥界的活人的）。

还有一个较为感人的神话传说，是关于阿兹特克神话传说中埃克索洛特犬所履行的职责：它会一直陪伴着死者的灵魂到达阿兹特克人的天堂。根据当地传说，死者在到达天堂之前需要经过一段耗时 4 年的艰辛旅程，路上会遇到蛇、鳄鱼等凶猛动物的阻拦，还要穿越凶险的沙漠，最终到达一条河床无限延展的大河（齐格纳瓦潘河）。而这期间，埃克索洛特犬将忠诚地陪伴在死者的灵魂旁，寸步不离。

然后，是历史上的狗

这让我想起了亚瑟·威利在他所编写的诗人李白的传记中这样写道："当二人走向断头台时，李恕回身对自己的儿子说：'要是我们现在还在上海，应该正带着我们的栗色猎犬捕野兔吧。'"

——［阿根廷］西尔维娜·奥坎波，《新时代的狗》

　　狗是人类驯养的第一种动物，这一点毋庸置疑。一项已经被证实的研究显示，自从人类进化为真正意义上的人类开始，狗便一直陪伴在我们身边。此后，遗传学研究更是印证了这一点，而在此前人类从未有过该方面的记录。因此，随着史前时代的结束，人们就开始用各种方式记录身边的狗。在西班牙，人们发现了在7000多年前绘制的带狗打猎的场景。埃及在进入法老时代（公元前4500年）之前便开始饲养一种类似于猎犬的黑色犬。人们又在法老时代的坟墓和庙宇里发现了许多画着不同品种狗的绘画作品，这些作品证实了当时狗已经被用于打仗、看管牲畜、看家护院等所有你能够想象得到的用途。

　　《拜尔萨百科全书》中写道，根据伟大的希罗多德（古希腊第一位史学家）的描述，在古埃及，一只狗死去后，它的主人全家都会为其哀悼。这乍看有点言过其实，却也是一件再平常不过的事了：这种行为表明人们把狗当作家庭的一员——这不是和我们现在一样吗！

　　希罗多德生活在公元前5世纪，与他同时代的人们用狗来打猎、看家护院、当作宠物，作战犬佩戴着满是小型铁矛的项圈在战场上冲锋陷阵、奋勇杀敌。在各种版本的古希腊故事中，荷马的版本无疑是最好的。尤利西斯（也就是奥德修斯）远离故国 20 年，当他终于回到故乡伊萨卡时，是他的狗阿尔戈斯第一个认出了他，比他那拒绝了一切追求者、百般思念他的妻子认出得还要早。

许多世纪之后，狗作为欧洲殖民者的帮凶，在他们征服美洲的过程中发挥了重要作用。它们补充军队力量，总是无情地袭击印第安人。美洲的印第安人此前只饲养过容易管教的小狗，他们见到这些体态硕大的恶犬，都以为是一种来自地狱的产物。后来人们都把这些参与了殖民活动的巨犬叫作獒犬（有点像大丹犬），但毫无疑问，当时的殖民活动中也有斗牛犬和猎犬的身影。

历史上许多"殖民先遣官"在美洲的征服活动都有狗的参与。其中一个征服了印加帝国的先遣官，名叫弗朗西斯科·皮萨罗。为了作战，他将 900 只狗带到了美洲大陆，但最后这些狗成了军队的晚餐。士兵们在分食狗肉的时候，强迫自己无视长在狗身上的癞癣。同样，阿尔瓦·努涅斯·卡韦萨·德·巴卡的队伍中也带了一些狗，他们征服了佛罗里达的印第安人，只给印第安人一些网和兽皮。

出生在巴达霍斯，因自己岳父的命令而被斩首的征服者瓦斯科·努涅斯·德·巴尔沃亚同样有一只狗，这条狗对他来说和自己的士兵一样重要。他给这只抓捕和撕咬能力很强的狗起了个名字，叫莱奥尼斯科。莱奥尼斯科的父亲是贝赛里约，是波多黎各征服者胡安·庞塞·德莱昂的爱犬，是一只专门对付不顺从的印第安人的恶兽。这一对犬父子都死于印第安人的毒箭。

欧洲人不只把狗用在殖民活动中，在欧洲内部的战争中，也能够在战场上看到奔走的猛犬。同时代的卡洛斯五世（这是对于德国来说的，对西班牙来说是卡洛斯一世）和法国的弗朗索瓦一世在自己的军队中也有凶悍的作战犬。

拿破仑·波拿巴被第一任妻子约瑟芬的爱犬烦扰的逸事也为人津津乐道。这只狗习惯和它的女主人共寝，就连在新婚之夜，未来的法国皇帝还要应付这只不停朝他狂吠的小狗，最后还被它咬了一口。很显然，这只小狗的确是有恃无恐的。

不安与焦虑

书写到现在，一切看上去都很好。但是，一旦狗和科学研究扯上了关系，情况就变得不同了。接下来我们去看看，在下一章，事情的发展趋势是如何变化的。

第四章

快跑啊！有科学实验！

"狗"这种一般性代号下包含诸多大小不一、形态各异的个体，让弗内斯很难理解。更让他困惑的是，三组第十四号狗（从侧面观察）居然和三组第四号狗（从正面观察）的名字是一样的。

　　　　　　　　　　—— ［阿根廷］豪尔赫·路易斯·博尔赫斯，

　　　　　　　　　　　　　　　　　　　　《好记性的弗内斯》

古代的狗和中世纪的狗

在古代，人们对实验是有偏见的——古希腊人总是思考，思考，再思考。他们不认为动手劳作是什么高尚的事，于是便把这类事情统统丢给奴隶。而且，他们也不认为系统性观察有什么用，所以当时没有什么大规模的关于狗的实验。甚至可以说，什么类型的实验都没有。古希腊人所抱持的这种成见延续了 2000 多年。

这种谬误在古代西方还有很多，这让西方文化在中世纪处于长期被埋没的状态。在那个时代，与科学有关的活动仅限于几家修道院对一些书籍的再版。直到 12 世纪，人们还是喜欢那些从阿拉伯翻译家手中得来的亚里士多德的作品，鄙视经验主义。当时的人们认为亚里士多德的话句句都是不容置疑的真理，比通过各种方式调查研究得来的结论可靠得多。

显然，几个世纪后，伽利略仍然需要跟亚里士多德的学说作艰苦的斗争，因为当时这位古希腊学者的物理学理论仍旧大行其道。亚里士多德曾根据常识断言，轻的石头自由落体时比重的石头速度要慢（也就是说，如果一块石头比另一块重十倍，其下落的速度也会快十倍）。这一理论自然而然地被好多名家接受，但伽利略却怀疑其正确性，并在意大利比萨斜塔的塔顶进行了震惊世界的实验：他将两块重量悬殊的石块同时从塔顶扔下，结果两者同时落地。伽利略和所有后来者都抛弃了从前神圣不可辩驳的已有理论，开始直接向大自然发问，从而开启了现代科学。

此前，我们提到的与狗有关的故事都来自神话传说，而从现在起，狗成了科学研究中极佳的替代品，尽管它的局限性很快就显现出来。

"实验"这个概念出现于中世纪一个叫作"文艺复兴"的特殊时期，这次复兴结束了欧洲文化的黑暗时代。通常，我们把弗兰西斯·培根当作是现代社会第一位伟大的实验家，他不但观察整个世界在规划刺激下有何反应，还将有关内容上升到理论高度。人们都把他称为"归纳法之父"。

归纳法就是从个别性知识，引出一般性知识的推理。举一个简单的例子：有一个地方第一天是晴天，第二天是晴天，第三天还是晴天，因此这里每天都是晴天（这一理论在思维方式和得出科学真理的方法上有很大的局限性）。培根的创新在于走到自然界中进行实验，然后看大自然如何作出回答。如果自然界给出的答案总是重复同一个数据，那么就得到了一个一般性的规律。

培根开始和伽利略一样，不断质疑亚里士多德的理论并乐此不疲。归纳法是这位英国哲学家的主要创新，他的理论为本书作出了巨大贡献，因为如果没有他，现在赫赫有名的巴甫洛夫和其他一些科学家根本就不会存在。最后，狂热的培根也因为他的归纳法而丢了性命：他在研究如何用雪冷冻贮存家禽的肉时得了严重的感冒。

输血：狗啊，我亲爱的朋友，这是你的鲜血

在人类与动物之间输血的历史中，家牛无疑是取血的主要对象，但与人相伴的狗也常常为人类奉献出自己的鲜血。那些具有开拓精神的人在开展研究时已经疯狂得无可救药，他们觉得实验可以不受伦理限制。许多情况下，这

类实验的进行是以妻离子散、家庭破碎为代价的。

　　在那段危险的时期，人们觉得所有的病痛都与血有关，会用锋利的器具或者蚂蟥从病人体内抽出大量的血液。这种做法基于体液学说，这一学说同样是亚里士多德留下的糟粕之一。这一学说称人的所有疾病都与人体内的液体有关。根据盖伦的理论，人的体液由四种液体构成——血液、黏液、黄胆汁和黑胆汁，四种体液在人体内失去平衡就会产生疾病。这使当时的人们相信从体内清除大量的血液和其他体液能够使人的身体恢复稳定和平衡。直到 16 世纪，这一学说才在帕拉塞尔苏斯的冲击下渐渐式微。

解剖学家们

　　就在哈维 ① （有意思的是他是我们先前提到的培根的医生）发现血液循环的 28 年后，一群不安分的绅士就开始推

_____

① 英国医生威廉·哈维是历史上首先发现完整的人体血液循环方式的人。在此之前西班牙人米格尔·塞尔韦特发现了肺部血液循环。另外安德雷亚斯·维萨里和安德烈亚·切萨尔皮诺也为血液循环的发现作出了重要贡献。

测将液体注入人体血液循环系统的可能性。1656 年，和其他科学家协同创办了著名的皇家学院并在后来担任院长的建筑家、天文学家的医学爱好者克里斯托弗·雷恩，证实了可以通过静脉注射给狗施用药物。雷恩同"现代化学之父"、皇家协会另一位协同创始人罗伯特·波意耳一起，用一根中空的羽毛笔给一只狗注射了鸦片制剂和锑。锑是一种化学元素，经常，或者说曾经经常被用来与铅熔成合金来制作印刷用的铅字，也被大量应用于制作药物和化妆品。他们通过对实验狗的观察得出结论：鸦片能够催眠，锑可以催吐。通过这些实验还得到了另外一些成果：他们发明了可怕的静脉注射，第一次得到证据证明了人体血液循环系统可以从"体外"进入，并且通过某些方法可以改变"血液循环的元素"。

最初的几次尝试后，事情变得一发不可收拾。英国的解剖学家们开始给各个品种的狗注射各种各样的液体，从葡萄酒到尿液再到牛奶，无所不有。其实不用说大家也能想到，大量的狗因为这些实验死去。史料中没有记载这些狗具体都是什么品种，但想来大多数应该是那些没有主人的流浪狗。

快给我输血吧

　　在众多用狗来做输血实验的人中，理查德·洛威尔可以算是比较理性的一位。当时的洛威尔要年轻一些，当雷恩和他的同事将自己的研究结果公之于众的时候，洛威尔还是一名学生。他从 1665 年开始进行将一只狗的血输入另一只狗体内的实验。他的“犯罪手法”听上去十分骇人：为了让一只狗的血流入另一只狗的体内，将两只活狗的颈部静脉暴露在体外，然后缝了起来。但是这样毫无效果，因为被连接起来的两条血管都不是动脉，静脉里的血不但没有从一只狗流入另一只的体内，反而凝固在血管里。在此后的时间里，洛威尔都在尝试将两只狗的不同的血管连在一起，终于有一天，他碰巧将供血狗的一根动脉血管和受血狗的血管接了起来。血液能够在两只狗之间流动的关键在于动脉血管和受血管之间的血压差。洛威尔的坚持和狗狗们（这些实验狗的数量肯定多）的忍耐是输血技术得到发展的关键因素。

　　几个月之后的 1666 年 2 月，洛威尔又进行了一次和首次成功输血类似的实验。他和他的助手给一只狗不断放血，直到它精疲力竭、抽搐不止，濒临死亡的边缘。这时候，他们在它的颈部静脉接上了一个套管，套管的另一端接在另一只狗的颈部动脉上。第二只狗可比第一只要大得多。血液不停地流动着，直到第二只狗血尽身亡。这时，第一只狗忽然有了反应，它跳起来在主人的脚边玩耍，就好像什么都没有发生一样。有些人用万物有灵论①的概念来解释这种现象：一种维系生命的物质进入了这只狗的体内。经过激烈的争辩，人们一致认为：血液就是这种维系生命的物质。

　　因为所处时代的局限性，罗伯特·波意耳也曾走过一条类似的道路。在写给洛威尔的一封信中，波意耳提出了"一只凶猛的狗在输入了一只怯懦的狗的血后会不会变得温顺""被输入其他狗的血液后，这只狗毛色会不会改变"这类问题。更具怀疑精神的洛威尔又进行了大量的实验，在不同的输血关系中甚至包含了"狗和羊"的组合。实验结束后，洛威尔回复波意耳道：一只动物可以依靠另一只动物的血液存活是这些实验最能够证明的结论。接下来事情的发展又有点像以前的样子了，实验开始向着不同的方

────────────

① 　万物有灵论认为灵魂是所有心理、生理活动的主要动因，是与机械主义相对的一种思想。

向发展（在 15 世纪霍乱肆虐加拿大期间，人们又开始尝试往动物的体内注射牛奶，并且认为白细胞可以转化成红细胞），但这是和狗关系不大的另一段残忍的故事了。

在法国

与此同时，"太阳王"路易十四建立了法国科学院。法国科学院由一些保守的医生控制，但同时也有一些年轻的研究员在寻求话语权，并不断批判科学院里古板陈旧的办事方法。在他们当中有一位名叫让 - 巴蒂斯特·德尼的开明医生，他先前已经在蒙彼利埃取得了博士学位，并且是能和国王打上交道的人之一（这位医生一直活到 77 岁，这在当时是非常了不起的）。英国有关输血方面的研究成果激起了他的兴趣。在一位名叫保罗·埃米莱茨的外科医生协助下，德尼从 1667 年开始独自用狗进行实验。但是随着他们输血实验的增加和普及，科学院内保守的医生们开始抵制这种行为，并印发宣传品攻击输血行为和想要进行输血实验的其他医生。

那么德尼又是怎样给自己用动物进行的输血实验提供理论辩护的呢？德尼称：输血能够改善一些病人的进食与

消化，而且人们吃进去的东西迟早会转化成血液。另外他坚持认为：输血这种方式就和母亲通过脐带血管为胎儿提供养料是一样的。对德尼来说，用狗或者其他哺乳动物的血来治疗病人更好，因为人类"不纯洁"的血液里"充满了罪孽与苦难"。

在意大利

在同时代的意大利，同样也有类似的有趣故事。医生M.格里夫尼讲述了他是如何给一个又聋又瘫的老狗输入同一品种的健康狗的血液的："输完血后我们给它解开绳子，它趴在沙子上休息了一个小时，随后便回到主人那儿去了。两天后，它从家里出来和其他狗一起跑来跑去，腿完全不像从前那样拖在地上迈不动步子，也有了胃口吃东西。最令人惊讶的是，它的听觉好像有了恢复的迹象，主人唤它，它会有所反应。6月13日，它耳聋的程度已经越来越轻，而且和输血前相比，情绪明显活跃了许多。到了6月20日，它的听觉已经完全恢复了，但有一点缺陷，就是当有人叫它的时候它会到处寻觅，好像叫它的那个人在很远的地方一样。"睿智的格里夫尼提议将这种方法应用在那些被耳聋和衰老所困扰的人身上，但是没有人敢去尝试。这个故事发生在 1668 年。

禁止与暂时性的终结

1670 年，全部的输血活动在法国都遭到了禁止，保守派获得了胜利。巴黎议会（当时行使司法机构的权力）判决道："这类特殊的治疗法非常危险，偶尔一次可能会达到治疗效果，但绝大多数情况下会造成病患死亡。因此，禁止任何医生使用输血治疗法，否则将施以肉刑。"很快，伦敦的皇家学院和教皇也纷纷谴责输血活动。在此后的一个半世纪里，输血活动在整个欧洲销声匿迹。

首先开始进行具有现代意义的输血实验的是苏格兰人詹姆斯·布伦德尔。他在 1814 年进行了多次输血实验，这些实验也是从狗开始的。因为他是一名妇产科医生，有一天，他决定在一位失血过多的产妇身上应用这一项技术。这一天是 1818 年 12 月 22 日，这位母亲存活了下来（当然用的是人的血液，而不是狗的血液）。

巴斯德站了出来

与此同时，体液理论正逐渐被细菌理论取代。过去人们认为体液失衡是人体患病的原因，而在当时医学名家看来，微生物才是使人体患病的元凶。

在从体液理论向细菌理论过渡的过程中，作出最重大贡献的是法国人路易斯·巴斯德和发现了结核杆菌的德国人罗伯特·科赫。这位法国人不是医生，而是一位化学家。他是在研究牛奶发酵（正是他发明了巴氏消毒法）、葡萄酒和啤酒酸化的过程中开始接触医学的。

在医学领域，巴斯德首先进行了一种疫苗实验。这种疫苗并非狂犬疫苗，而是炭疽疫苗。1881 年，他将减弱了毒性的炭疽杆菌放置了 8 天，然后将这些病原菌给一只羊接种。最后，这一实验完成于布衣乐堡，后来人们把这个地方视作免疫学的发源地。

在此后的几年间，巴斯德又培育出了包括狂犬疫苗在内的诸多疫苗，这在当时为他在科学界获得了很大的名声。就在巴斯德沉浸在该领域研究的那段日子里，包括他自己在内的所有科学家都不清楚犬类狂犬病的致病物究竟是什么。巴斯德确信这种致病物应该是一种病菌，但是没有任何确凿的证据。他着手研究并得到了一种疫苗，但这种疫苗仅仅对狗起作用。因此，事情进展的关键就在于能否培养出能够应用于人体的疫苗。

人被疯狗咬伤后染上狂犬病毒是致命的。巴斯德的盛名在当时尽人皆知。这两句话乍看没什么联系，可这两点结合起来，成就了科学界的一次著名的尝试。1885年7月，一个名叫约瑟夫·梅斯特的9岁男孩被狗咬伤得了狂犬病，他的家人坚持让巴斯德在自己垂死的孩子身上试用正在研究当中的疫苗疗法，表示就算最后孩子死亡也不会追究巴斯德的责任。结果大家都知道，小男孩在接种了狂犬疫苗之后活了下来。后来，为了感谢巴斯德拯救了一群俄国农民的性命，沙皇出资在法国巴黎修建了巴斯德研究院。

卡雷尔，法国的红人

亚历克西·卡雷尔，一位几乎被人们遗忘了名字的法国医生，他是血管缝合术*和器官移植的先驱，他于1912年顺理成章地获得了诺贝尔生理学或医学奖。他在医学实验中也不可避免地使用了包括狗在内的一些动物。

卡雷尔1873年出生于法国里昂，但他学术生涯中的大部分时光却是在美国度过的。在美国，他原本要义无反顾地放弃科学事业而转去养牛。根据一些传记作者钟爱的逸事记载，当时的法国总统萨迪·卡诺被一位无政府主义者割断静脉失血身亡这件事使卡雷尔受到了震动，并重新激发了他的科学志向。据称，从此以后，卡雷尔发誓要研究出新的缝合技术来修复置总统先生于死地的这类创伤。

比起这些无从查考的传言，事实更具说服力。1905年，身在芝加哥的卡雷尔无法回绝盛情邀请，重新开始了科学研究。他用血管进行实验，并很快找到了缝合血管的方法。同年，卡雷尔的科学研究取得了重大成果：他将一只成年狗的颈部动脉和静脉与一只幼犬的肾相接，这只肾存活了好几个小时。不得不说这是医学上的重大突破。此后，他用类似的方法重复了这个实验，但用的是两只狗和一颗心脏。虽然两只狗最后都死了，但很大一部分原因是实验没在无菌环境下进行。实验表明：一颗心脏可以被放置在另一只动物体内并与其血管缝合，这颗心脏还能跳动一段时间。几年后，卡雷尔用同样的方法成功地让一只进行了肾移植的狗存活了17个月。

卡雷尔在1912年获得诺贝尔奖后在法国引起了极大的轰动。后来在一次欧洲旅行的途中，他与一名侯爵的遗孀邂逅，两个人最后结了婚。之后，卡雷尔返回美国继续他的研究工作。至少美国人是这样说的。

卡雷尔的天使们

如今没太多人能记起卡雷尔，但是所有在器官移植和心脏外科方面的后续进步均是建立在这些北美科学家先驱的研究成果之上的。外科医生们将器官血管连接起来的才干是器官移植能够取得成功的基础，而这在当时绝对是一项先进的技术。有时，器官移植手术进行得非常成功，但是器官很快就不能存活了。这就是首先由卡雷尔发现，后来又被卡尔·威廉姆森在1923年证实的移植物排斥反应。当然，卡尔·威廉姆森也是用狗来进行实验的，20世纪50年代，他实现了首例肾移植后受体的长时间存活。后来，约瑟夫·默里于1954年进行了世界上首例人体器官移植手术。

心脏移植同样与卡雷尔的研究成果有关。在他第一次尝试给狗移植心脏的数十年后，人类首次成功移植心脏，这台手术于1967年12月由医生克里斯蒂安·巴纳德实施（可惜的是患者沃什坎斯基在接受手术18天后就去世了）。

如果没有卡雷尔的研究成果，可能直到现在也不会有任何器官移植活动存在。同样，血液透析①对大家来说也将是陌生的。没有人能记得卡雷尔，这是不公平的。

电流谋杀

拥有包括电灯在内的上千种发明专利②的发明家托马斯·爱迪生，在各种各样的动物（牛、马、羊、狗、兔子、鹦鹉等等）身上用电来进行实验时从来不会有什么顾虑。他在动物身上实验的可不是电椅，而是他的竞争对手西屋电气公司当时正在普及的一种电流。这位被称为"门洛帕克的奇才"认为：前助手尼古拉·特斯拉所推崇的交流电是十分危险的。但是在经过了一系列的市场营销之后，爱迪生通用电气公司自己也认定，交流电（相对于直流电来说）

---

① 血液透析是当肾脏等负责清洁血液的器官不能正常发挥作用时，替代这些器官实现清理血液中代谢产物的治疗方式。这种治疗方式是通过在病人动静脉处插导管实现的。如果肾脏过度受损，这种治疗方法也无法保证病人的健康。

② 根据爱迪生自己的统计，准确数字是"1093"。

在长距离传送过程中能够有更小的损耗（爱迪生对此事大为光火，甚至从公司中撤出了股份，将自己的名字从公司名字里抹去，爱迪生通用电气公司变成了通用电气公司）。

在这条交流电实验的道路旁，遍布着仅仅因为商业利益就被电死的狗的尸体。

第五章

铃声响起，巴甫洛夫来啦！

一把左轮手枪从裤子右边的口袋中凸显出来。一条狗从房子后面跑出，惊讶地停住，朝我亲切地叫着。它眼睛闭着，长满硬毛的肚皮上满是污泥。它随意地兜了一圈，又朝着我叫了起来。

——［美］弗拉基米尔·纳博科夫，《洛丽塔》

在所有的狗以非自愿的形式参与的实验当中，最为著名的当属伊万·彼得罗维奇·巴甫洛夫的实验。这一实验的研究成果让这位苏联生理学家获得了 1904 年诺贝尔生理学或医学奖。

　　巴甫洛夫出生在位于莫斯科南边的小城梁赞（距首都几千米之遥，坐落于奥卡河畔）。他在圣彼得堡国立大学求学，之后与谢拉菲玛结婚（"她对家庭作出的牺牲就像我为科学作出的牺牲一样多。"巴甫洛夫是这样夸赞自己的妻子的）。在他 80 岁创作的自传中，巴甫洛夫这样写道："我的一生是在实验室与家庭中安详地度过的。"对他来说这样的生活是安详的，但对别人来说可不是这样（稍后的内容会很有意思），至少对于那些 19 世纪末在俄国农村游荡的狗来说，这种安详纯粹就是胡扯。

在巴甫洛夫开展生理学研究期间，有一些事情是难以启齿的。巴甫洛夫在 41 岁时拥有了自己的实验室，并担任医学院生理学教授和生理实验室主任，在这之前他一直过着困苦的生活。为了购买实验用的动物，他不得不对每一个卢布精打细算。

与此同时，巴甫洛夫还面临着其他一些问题，其中之一就是，在那个年代，将从动物身上得出的实验结论推广到人的身上会遭到强烈抵制。在当时，达尔文已经开始勇敢地将人类从"神创论"所赋予的特殊地位上拉下来，为此他不得不与诸位傲慢自大的主教争辩。这些主教始终坚信，人类是上帝独宠的儿子，不能与实验室里那些凡俗的生命混为一谈。

巴甫洛夫还需要与一些人进行争辩，比如宗教人士、传统主义者、万物有灵论者。他们认为，把人类极端复杂的思想简化为一些叫作神经细胞的细胞体的单纯性活动是不可想象的。巴甫洛夫的那些唯心论敌人无法理解为什么思想是可感可测的实体存在（一些人认为这种争论同样存在于灵魂与大脑的研究领域：一边是以弗洛伊德思想为基础的心理学家；另一边是精神生理学家——他们大多是美国人——高傲地无视维也纳人弗洛伊德的研究成果，固执地沿着生理学研究的方向继续前进）。

梁赞的怪人

性格中的许多怪癖让巴甫洛夫成了大量奇闻逸事的主角。他的条件反射理论运用到自己身上的时候让他的行为举止变得非常奇怪。接下来要讲的这个故事乍一听令人难以置信，但结局却是挺有意思的。其实故事的真假又有谁在乎呢？[①] 据说巴甫洛夫在 80 岁的时候患上阑尾炎，因此在一家小诊所里做外科手术，给他实施手术的医生并不知道他的真实身份。手术非常成功，第二天早晨 6 点，巴甫洛夫向医生要来一盆水。包括医生、病人在内的所有人都理所应当地认为这位老人想要清洗一下，于是便给他拿来了香皂和毛巾。但令所有从他身边经过的人感到惊讶的是，这位老人在大脸盆里奋力划水，就好像置身于伏尔加河中一样。当所有人都开始怀疑这位老人是不是精神失常的时候，巴甫洛夫擦干了自己的身体说他已经准备好吃早餐了。

[①] La fuente es El ruso de los perros. Iván P. Pavlov, México, Pangea Editores, 1989 (véase Bibliografía comentada）.

为巴甫洛夫实施手术的年轻医生对于自己给一位世界级的重要人物做手术感到十分惊讶。在返回实验室之前，巴甫洛夫对自己的行为作出解释：他隐瞒自己的身份是为了不让医生在手术中感到紧张，不要老想着自己有可能失手杀死一位科学巨擘，而是能像治疗一位普通农民一样治疗自己；他在水盆中划水的行为模拟的是他习惯的游泳运动，通过水冰凉的刺激，他的身体能够迅速给以积极的反馈，有一种心情舒展的感觉，就像一种条件反射一样。

动手做实验吧！

开始实验前，巴甫洛夫首先要做的是在狗的体内插入导管，这些导管会在狗进食时收集狗的胃分泌的胃液。通过这种方式可以了解狗的胃液的分泌机制、唾液的成分，以及狗在吃不同的食物时会发生什么样的变化。

巴甫洛夫最为著名的几组实验是这样进行的：他将一只狗安置在一个小房间里，确保狗待在一个安静舒适的环境里，而且能够保证自己在观察狗的时候不会被狗察觉。巴甫洛夫给狗喂食，狗一看到食物就会分泌唾液。多次以同样的方式重复这一过程，结果也是一样的。食物，产生唾液；食物，产生唾液……根据美国行为心理学，巴甫洛夫将食物叫作"刺激"，将产生的唾液叫作"反馈"。反馈是一种"反射行为"，是狗不能控制的、非自愿的一种"生物性"活动，而不是有人"教导"它应该这样去做。这种行为被巴甫洛夫称为"非条件反射"。

后来，巴甫洛夫将实验设置得复杂了一些。在不喂食的情况下，他摇动铃铛让单独待在房间里的狗听到铃声，每次狗都会把注意力集中在铃声传来的方向；然后他像前一组实验一样给狗喂食，但是每顿饭的食物在质量和数量上都有变化，同时摇动不同的铃铛发出不同的声响。对于受到不同刺激时狗的反应变化，巴甫洛夫都会不厌其烦、细致认真地记录研究。

故事到现在为止，我们已经了解了巴甫洛夫开展的一系列有趣的实验。这些实验可能有用，但是距离给人留下深刻印象并引发一场科学界的革命还相去甚远。但请注意，有一天，巴甫洛夫带着一个与新实验有关的梦醒来，这一次，他的命运将发生巨大改变，他的名声也会享誉全球。而他唯一要做的就是把开展两组实验的思路重新整理一下，整合为一组实验。在摇动铃铛的同时便给狗喂食，通过这种方式将铃声与食物两种刺激联结起来。狗听到铃声转动耳朵，唾液接着就分泌了出来。巴甫洛夫将这个实验步骤一再重复，直到狗把这两种刺激"搞混"了，并开始给出错误的反馈：在没有食物的情况下，狗在听到铃声后也会大量分泌唾液。从某种程度上说，巴甫洛夫得到了一种新的反射行为，这种行为是人为的，是狗在受到引导后产生的（狗绝对不是自愿的）。这就是我们所说的"条件反射"。

这绝对称得上是一件意义非凡的大事。巴甫洛夫为大脑生理功能的研究开启了一扇大门，并开始动摇万物有灵论者的理论根基。同样，他也开始和自己在美国的行为学朋友产生了分歧，他们认为不能仅仅因为我们无法"看到""头盖骨里"发生了什么，就冒险用任何一种与大脑生理功能有关的假设来解释问题。此后的许多年，巴甫洛夫一直致力于解释在神秘的颅腔中到底发生了什么。在众多助手和学生的帮助下，他最终解释了在大脑皮层中所进行的是学习等活动。

但这不是巴甫洛夫用狗进行的唯一一种实验。他对先前的实验稍微做了些修改。他往一些狗的嘴里喂了浓度不高的酸性制剂，狗的反应非常合乎情理：它们通过猛烈地晃动来试图躲避这种制剂，口中分泌大量的唾液来稀释酸性制剂、清洁口腔黏膜。跟在那时使他成名的实验中所做的一样，当酸性制剂让狗疯狂地分泌唾液时，巴甫洛夫在一旁摇铃。就这样重复了许多次后，仅仅听到铃声，狗就会出现全力摆动身体、大量分泌唾液的反应。结论是一样的：这是另一种条件反射。但是巴甫洛夫走得更远（我们可以通过巴甫洛夫自己的话来推断一下他到底对狗都做了些什么）：

> 如果把狗的口腔肌肉的运动神经和唾液分泌神经（即反射中的输出途径）破坏掉，这种反射就会消失；如果我们把狗的口腔黏膜里的神经或狗的听觉神经等输入途径破坏掉，反射也会消失；如果把输入神经和输出神经交会的神经中枢破坏掉，反射同样会消失。在第一组只给狗喂酸性制剂的实验中，反射神经中枢位于颈部的脊髓中；在第二组加入了听觉刺激因素的实验中，反射神经中枢位于大脑皮层中。

可能这些话看上去专业性比较强，有点晦涩难懂，但让我们注意到了巴甫洛夫所经手的狗究竟经历了怎样的磨难。所以，我们不禁产生了一个天真而又不怀好意的疑问：到底有多少只无辜的狗在伟大的巴甫洛夫手上送了命？自然不会有一个准确的统计数据能够回答这个问题，但是他所做的实验数量繁多且精确无比，一定有大量的狗参与其中。比如，他曾经做过一个声音实验，测试狗听到 500 赫兹的声音的反应与听到 498 赫兹的声音的反应有什么差别。

巴甫洛夫的另一段文字可能更能说明他实验中用的狗都经受了什么：

> 当大量来自内部和外部的刺激突然施加到大脑皮层上时，抑制作用会远胜过刺激作用，这会让狗产生睡意。被破坏了主要输入信息接收器（视觉、听觉、嗅觉等感觉器官）的狗每天都会昏睡 23 个小时。

当然是在它们死之前。[①]

充满讽刺的感谢

巴甫洛夫实验室门前安放着一只狗的铜像。这只狗坐在地上，上身挺直，眼睛望着实验室的大门。建造这个铜

---

① 哈维尔·罗索亚，《与狗有关的俄国人——伊万·巴甫洛夫》一书作者。

像可不是为了装饰，而是为了纪念狗狗们为巴甫洛夫通过实验发现的科学规律所作出的贡献。据说巴甫洛夫还写过一篇"情深意长"的文章来感谢那些在自己的科学研究中与他"合作"的狗狗们。作为本书的作者，我并没有找到该文章任何一个版本的译本，因此无法保证这极富讽刺意味的迟来的感谢是否真实存在（无论如何，对于成千上万已经因他死去和即将因他死去的狗来说，巴甫洛夫都是不共戴天的敌人）。

"条件"后记

除了巴甫洛夫"恶作剧般"的实验中的逸事外，我们要明白，巴甫洛夫的贡献可不只是单纯地测量狗分泌的唾液而已。

在一次著名的会议上，有位科学家这样说道："公平地说，自然科学从伽利略开始一直循序渐进地发展，一直到开展对大脑这一动物身体最为复杂的器官的研究才第一次放缓了脚步。"某种程度上说，尽管我们在这一领域已经取得了很大的进步（这些进步无疑是我们近年在认知科学领域取得的最大突破），但还有许多神秘的面纱等待我们去揭开。时至今日，对大脑与认知科学的研究仍是科研的前沿领域。

日常生活中的条件反射

在了解了有关的事例后我们知道，巴甫洛夫给一些简单的"事实"赋予了科学的严谨性与神圣感。18 世纪的一位科学家称，如果每次鞭打狗的时候都伴随着小提琴的声音，那么在多次重复之后，仅仅拉动小提琴，不用打它，它也会哀鸣不止。[①]

居住在乡村和小城镇中的人们凭经验就知道狗能够把本不该有必然因果关系的行为联系起来。狗狗们知道，当它们向人们狂吠的时候，受到威胁的人为了自身安全会弯腰捡起石头来砸向自己。因此，当狗看见人弯腰捡石头的时候就会惊慌地跑开。所以在很多情况下，人不需要真的去捡石头，做一个弯腰的动作假装一下就足够把狗吓跑了。

[①]　Introducción de Montserrat-Esteve a Re ejos condicionados e inhibiciones, Barcelona, Planeta-De Agostini, 1993.

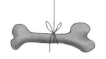

第六章

再做两次实验吧

11点到了，远处塔楼那庄严而缥缈的钟声在宅子里回响，我就在这时到达这里。一只大狗原本慵懒地舒展着身体，见我进来便一边在角落里踱步一边对我叫。

——［英］威尔基·柯林斯，《白衣女人》

我的吉娃娃得了糖尿病

其实，在揭示糖尿病病因的实验中，主角并不是吉娃娃犬，但如果把这一节的名字叫作"我的美卡犬得了糖尿病"好像又过雅了。实际上，说是什么吉娃娃犬或美卡犬都不准确，因为这些实验的对象都是满街乱逛的流浪狗。

人们对于糖尿病的科学认知是从 1889 年开始的。这一年，奥地利科学家约瑟夫·冯·梅林和奥斯卡·闵科夫斯基在当时被德国占领的法国城市斯特拉斯堡进行实验。他们将一些狗的胰腺摘除，从而观察糖尿病的发展速度有多快，直至这些狗因病身亡。传说是他们的一位助手发现一群苍蝇总是在这些狗的尿液上方盘旋不肯离去，因此，他们推测吸引这些苍蝇的一定是尿液中的糖，而尿液中多糖也是糖尿病的症状之一。

在注意到这些狗失去胰腺便患上了糖尿病后，约瑟夫·冯·梅林和奥斯卡·闵科夫斯基推测，这一器官和糖尿病之间必然有着直接的联系。后来他们证实：胰腺会产生一种分泌物，缺乏这种分泌物会严重影响动物体对糖的分解吸收。

此后的 30 年间，人们一直在探究这种分泌物到底是什么。直到 1921 年，弗雷德里克·格兰特·班廷和仍是医学院学生身份的查尔斯·赫伯特·贝斯在这一领域向前迈出了一大步（原本在这个研究方向上，科学家的眼前是一片黑暗，现在终于能够触摸到真理女神的裙摆了）。这两位加拿大人在位于多伦多的约翰·麦克劳德的实验室进行了大量的实验工作。他们提取出狗的胰腺分泌液，将这些分泌液注射到被摘除胰腺并患有糖尿病的其他狗体内。接受注射后，这些狗的血糖浓度恢复到了正常水平，它们排泄的尿液周围也不再有发疯似的苍蝇飞来飞去了。

在首次成功提取了胰岛素的一年多以后，弗雷德里克·格兰特·班廷与约翰·麦克劳德获得了 1923 年的诺贝尔生理学或医学奖。数年之后，作为安慰性的奖励，多伦多大学用查尔斯·赫伯特·贝斯的名字命名了一所学院。

（稍后在"奥赛的狗"这一节还有更多与患糖尿病的狗有关的信息。）

莱卡和籍籍无名的狗

莱卡的故事实在是太著名了，我们不得不在这里再次提到这只了不起的狗。莱卡是史上第一个进入环绕地球轨道的地球生物（至少官方是这样说的。众所周知，许多苏联时期与当时的"外部环境安全"有关的活动到现在为止仍然是绝密）。于 1957 年 10 月发射的史普尼克 1 号卫星是第一颗进入地球轨道的人造卫星，而莱卡则是搭乘同年 11 月发射的史普尼克 2 号卫星进入轨道的。除了要激怒美国人，苏联的科学家们还要证明地球上的生命在一个极其陌生而特殊的环境里，是能够通过人造装置环绕地球生存下来的。

当时官方的说法是莱卡在太空舱内生活了 7 天。在太空中的每一天它都有食物配给，而第 7 天，它的食物是致命的毒药。因为当时尚未研究出太空旅客安全返回地球的技术，所以它的死是必然的。与其让它在飞行器返回地球经过大气层时摩擦起火被烧死，不如在药物的帮助下安静离世，虽然它死时距离地面的高度是一只狗无法想象的。

　　但凡事总有争议的空间。苏联解体后不久，莫斯科生物学问题研究所所长德米特里·马拉申科夫证实，事实与当年的官方说法并不相同：因为飞行器隔热设计不佳，飞行器发射几个小时后，莱卡便在极度恶劣的环境中死去了。

　　现在可以确信的是，搭载莱卡的史普尼克 2 号卫星是由一枚 SS-6 火箭从拜科努尔航天中心（该航天中心位于今天的哈萨克斯坦境内，哈萨克斯坦最初是苏联的加盟共和国）发射升空的。

　　就像许多书和电影中讲述的那样，莱卡在那个令人振奋的太空时代是一个承前启后的标志。在"莱卡时代"之前，曾有过 9 只被用于太空研究的狗，其中两只叫作阿尔比纳和司甘卡的狗曾到达过莫斯科上空 500 千米的大气层边缘，而在此之前，它们只是莫斯科街头无家可归的流浪狗。司甘卡和它的同伴安全返回了地面，科学家们得以在它们身上进行技术实验，并获得火箭上生命环境的有关信息（虽然不能和这些狗进行对话，但从它们叫的样子来看，至少这种能力还没有失去）。阿根廷天文学普及者马利亚诺·里瓦斯说：在莫斯科郊外矗立着一些纪念碑，缅怀为航天事业牺牲的宇航员，而莱卡也是他们中的一员。

但是，莱卡绝不是牺牲在空间事业上的唯一一只狗，1960 年 7 月，名叫里西卡和巴尔斯的两只狗在"东方计划"①的一次火箭试验中殒命。紧接着 8 月，苏联人掌握了让太空旅客安全返回的技术——名叫贝尔卡和斯特莱卡的两只狗在搭乘史普尼克 5 号环绕地球后成功安全返回地球。后来的报告并没有明确说明它们在高速环绕地球 18 圈后有没有头晕（有一个有趣的故事：太空之旅结束后，斯特莱卡怀孕并产下 6 只幼犬，其中一只被当作向国际社会示好的礼物被送给肯尼迪，远赴大洋彼岸）。

而普切卡和穆斯卡就没有这么走运了。1960 年 12 月 1 日，史普尼克 3 号在返回地球大气层的时候，技术人员操作失误使返回舱角度偏差，在进入大气层后返回舱因摩擦燃起大火，如同一颗炽热的陨星，以至于被人们误以为是一颗流星。

在 1966 年之前的一段时间内，苏联有许多狗被送上太空，直到 1966 年，名叫维特洛克和乌戈莱克的两只狗创造了狗类在太空滞留的时长记录。它们搭乘宇宙号生物卫星

---

① "东方计划"里包含许多艘宇宙飞船，其中的东方 1 号于 1961 年将加加林（第一位进入太空的人类）送入地球轨道，东方 6 号于 1963 年将特里什科娃（第一位进入太空的女性）送入地球轨道。

绕地球轨道飞行了 22 天并存活了下来。

　　苏联的狗也不仅仅被用来进行空间科学的研究。1927年，乌克兰医生沙莫夫为了验证尸体的血液能否应用到输血活动中进行了一系列实验。他按照准确的时间间隔，从刚刚死去 15 分钟到已经死了两天的狗的尸体里采集血液样本进行实验。

第七章

阿根廷的狗叫声

谁说我们必须

为了能够得到自由漫步的机会而一直等待？

今天就在我的狗窝里

在这同一片天空下

我一直在默默等待

就此逃离的时机到来

———［阿根廷］路易斯·阿尔贝托·斯皮内塔，

歌曲《我的狗兄弟》

一只狗

一只凶恶的狗

他有一个习惯

就是从不会让自己的同类顺心如意

———"帕特里西奥·莱耶和鲜乳酪"乐队，

歌曲《被打败的获胜者》

杜高犬：阿根廷的创造

杜高犬是阿根廷特有的犬种，阿根廷科尔多瓦的医生安东尼奥·诺雷斯·马丁是杜高犬的培育者。20世纪20年代，诺雷斯·马丁按照一定的次序用獒犬、斗牛犬和牛头梗（看来在那个时代的人们对格斗犬非常狂热）对"古老的科尔多瓦犬"进行改良，创造出一个全新的犬种。他将杜高犬作为格斗犬来饲养，也把它带去打猎，以证明阿根廷这一全新犬种在这方面的能力并不比其他犬种差。阿根廷犬业协会的网站（部分故事也源自这个网站）是这样介绍这种狗的：它的力量、嗅觉和顽强、勇猛的个性在各类猎犬中出类拔萃，这使它在追捕那些在阿根廷广大地区破坏农牧业生产的野猪、美洲狮等动物时能力显著。

　　安东尼奥·诺雷斯·马丁将早期培育出来的狗带到山里去打猎，并让它们和美洲狮、野猪搏斗，以此来巩固强化它们的特性。到了 20 世纪 50 年代，安东尼奥的弟弟奥古斯丁·诺雷斯·马丁在圣罗莎（位于潘帕斯草原）的乡间别墅中收到了哥哥送来的品质最好的一批杜高犬。1956 年，安东尼奥去世后，弟弟奥古斯丁在艾斯科尔（位于阿根廷丘布特省）继续培育这些杜高犬。他将 20 只杜高犬与爱尔兰猎犬等犬种杂交，从而解决早期杜高犬耳聋率高的问题。

　　诺雷斯·马丁兄弟的光荣时刻在 1973 年 7 月 31 日到来，世界犬业联盟在这一天承认了"杜高犬"这一新型品种。而在此之前的 1964 年 5 月 21 日，阿根廷犬业联盟已经承认了这一事实。

奥赛的狗

　　1947 年诺贝尔生理学或医学奖得主之一贝尔纳多·阿尔韦托·奥赛（阿根廷的第一位诺贝尔奖获得者）是阿根廷科学史上的一位非常重要的人物。除了获得诺贝尔奖之外，奥赛还有许多重要的事迹：在 1956 年阿根廷国家科学技术研究理事会（CONICET）的创办中发挥决定性作用；尽自己所能为祖国科学的发展而奔走，创办杂志社和社团，积极为科学家申请研究资金和工资补助[1]；等等。奥赛于1887年在布宜诺斯艾利斯出生，并于1971年在自己的家乡离开人世。

奥赛于1947年与捷克裔科学家卡尔·科里和格蒂·科里分享了当年的诺贝尔生理学或医学奖。准确地说，奥赛获奖的原因是"发现垂体前叶激素在糖代谢中的作用"。从这句话看来，奥赛的研究成果极其深奥复杂，但简单说来，他的研究与糖尿病的发展机制有很大关系。他的研究产生了巨大的医学影响，因为他证实了胰岛素并不是与糖尿病有关的唯一激素（这就是我们在第六章中提示过的内容）。

抛开奥赛获奖的原因不谈，我们很难从他的研究和贡献中挑出某一个作为他的主要成就。他在生理学领域的工作数量庞大，具有重要的意义；研究垂体和肾上腺等器官的功能；还利用一部分时间建立学院，从而让那些追随他脚步的科学家能够在阿根廷国内进行科学研究。奥赛的大部分研究都是在布宜诺斯艾利斯大学医学院生理学系、实

---

[1] 很有意思的是，阿德里亚娜·布依格罗斯在她的书中（El lugar del saber, Buenos Aires, Galerna, 2003.）否认了这一事实。

验生理学与医学研究所完成的。

我们所说的"奥赛的狗"，其实就是奥赛用于垂体抑制实验的狗，它们都被切除了脑下垂体。现在我们就来看看，奥赛对这些狗都做了些什么。

奥赛的成就

作为一名伟大的实验生理学家，奥赛不单单用狗进行实验。从他公开的研究成果中我们可以看到，他在自己的实验中用过蜘蛛、马、豚鼠、兔子、蝎子、鸭子、老鼠、蟾蜍、蛇等。科学家在多伦多取得重大发现（我们在第六章"我的吉娃娃得了糖尿病"这一节讲过这件事）后不到一年，即1923年，在奥赛的努力下，布宜诺斯艾利斯的科学家们也成功提取了胰岛素。通过观察切除了垂体的动物，奥赛证实了这一腺体在糖尿病病发中所扮演的角色：得了糖尿病的狗在摘除垂体后病情会有所好转，而注射小剂量的胰岛素后病情却又加重了。这个出人意料的结果证明失去垂体的狗对低血糖症会有强烈的反应，这促使奥赛开始研究同时摘除狗的垂体和胰腺会发生什么情况。经过一系列实验，奥赛于1929年发现，同时摘除了垂体和胰腺的狗不会患上糖尿病。这可以让我们大致判断出这两种器官在糖尿病发病原理中各自发挥的作用。

其他器官

奥赛和他的科研团队还通过摘除诸如肾上腺之类的其他腺体来观察对动物体机能的影响，意在通过这种方法搞清楚各个器官在动物体内发挥了什么作用。马塞利诺·塞莱伊西多[①]说，有时他们还会把器官或器官分泌物重新植入之前经历了摘除术*的动物体内。就这样，奥赛对动物的心脏、肺、肾脏、肝脏以及内分泌系统、免疫系统、神经系统、肌肉系统和造血系统进行大量的实验研究。马塞利诺·塞莱伊西多是那个时代杰出的见证者，他说"奥赛的研究囊括了从高血压到糖尿病、从甲状腺功能减退症到中毒等各个方面"，这真让人难以置信。所以说，这些动物的高血压、糖尿病、甲状腺功能减退症、中毒等一系列症状都是科学家们故意制造出来的。

[①] La nuca de Houssay. La ciencia argentina entre Billiken y el exilio, México, Fondo de Cultura Económica, 2000.

　　在摘除了特定腺体后，科学家们会对生物机体变化进行细致的记录。随后，他们会将摘除腺体的提取物重新注射回动物体内，再观察先前出现的紊乱情况会不会有所改善（至少在摘除胰腺的案例中是这样的：动物在失去胰腺后患上糖尿病，科学家将胰腺提取物注射回动物体内观察病情是否得到控制）。

　　塞莱伊西多对当时自己作为研究者所参与的一些科学推论进行了回顾。这些科学解释虽然有些专业，但并不妨碍把它们列在这儿与大家共享：

　　　证明一对肾脏中，如果只把其中一个的动脉堵住的话，血压的升高只是暂时的。对此布劳恩·梅内德斯[1]有两个观察结果：第一个结果是没有被堵住动脉的那个肾脏会增长变大，从而补偿另一个肾脏功能的缺失；第二个结果更有意思，当动脉血压下降到正常水平时，把那个增长变大的肾脏摘除后，这只动物一定会再度患上高血压。根据这些观察结果，布劳恩大

———————————

[1]　布劳恩·梅内德斯是另一位阿根廷科学界重要人物。他在56岁时死于一场空难。

胆预测一定存在一种特殊物质（现在我们称其为"神经营养因子"），这种物质能够让肾脏生长到合适的大小。当一个肾脏不能利用这种物质生长时（比如动脉被堵住），与其相对的，另一个肾脏就能充分利用这种物质。但是如果这另一个肾脏也无法正常利用这种物质的话（比如已被摘除，或动脉也被堵住），那这只动物必然会患上糖尿病。

可能上一段所讲的内容专业性太强，但起码是对科学研究所得出的复杂推论的一个解释。

在奥赛留给后世的诸多宝贵财富中，包括一本受到广泛认可、被使用了很多年的医学课本（《奥赛医学教程》），还有一个被生物学界所熟知的现象——奥赛现象。这一现象实际上讲的是由内分泌激素控制的碳水化合物代谢机制，同时也展现了脑下垂体功能不全和对胰岛素不敏感之间的关系。当时在医学院的人都知道奥赛的女友也在那儿学习研究，但他自己把研究的顺利进行都归功于"奥赛的狗"。

布劳恩·梅内德斯和弗德里科·莱洛伊尔

　　另一位身边总是有狗出没的重要科学家是布劳恩·梅内德斯，他的研究领域是动脉高血压，并在当年同奥赛一起完成了自己的博士论文。为了研究高血压发病机制，他认为没有比自己"制造"高血压更好的方法了。这一次遭殃的除了狗还有老鼠。自然情况下，可供血肾动脉密度减少的原因是脂肪堆积，而布劳恩·梅内德斯所做的是粗暴地将部分动脉永久性地人工封闭。

　　同时致力于高血压研究的还有弗德里科·莱洛伊尔，他因为研究了核苷酸糖及其在碳水化合物合成中的作用而获得了 1970 年的诺贝尔化学奖。这一研究成果同样与糖尿病有密切关系。

第八章

一些关于狗的科学研究

人——这是一个全新的词语。

这种动物用两只脚行走，

这种动物发明制造了机器人，

这种动物教狗怎样说话。

——［美］克利福德·西马克，《城市》

与活体解剖和新型药物试验有关的问题

顾名思义，活体解剖（Vivisección）就是把活的动物通过切割等方式进行分解，从而进行各种各样的研究。这些研究可能是生理学的、病理学的，甚至可能是行为学的。我们从词源学上就可以看得一清二楚："Vivisección"由拉丁语的"vivus"和"sectionis"构成，"vivus"意思是"活的"，"sectionis"意思是"切割"。

关于解剖有很多故事，其中最惨不忍睹的与医学有关。历史上最早的生物学家之一弗朗索瓦·马让迪在担任教授期间，每节课都要将一只小狗"千刀万剐"，他发现动物脊髓中存在两种神经——运动神经和感觉神经。弗朗索瓦·马让迪的后继者克洛德·贝尔纳也让无数的流浪狗死在他的手术刀下。然而，把自己女儿的狗拿来解剖的举动使他最终落入一个妻离子散的境地，而且他的妻子和女儿还成立了反活体解剖协会。但无论如何，贝尔纳证实了毒箭箭尖上的毒液能让人中毒的原因是麻痹了肌肉，并对神经冲动起到了抑制作用。

虽然人类对动物所进行的活体解剖乍看上去毫无怜悯之心，但毫无疑问，这些行为对人类解剖学和生理学研究的发展起到了重要作用。

现在在世界各地有许多反活体解剖的团体存在，而且有许多人以科学家的身份活跃在这些团体当中。这些组织尽可能地用各种论据来抵制活体解剖。关于反对用狗进行的解剖，他们提出了 6 项强有力的论据：一是狗的身体结构和人差别很大，解剖狗需要使用特殊的工具；二是狗的皮肤组织更加坚韧；三是狗的心脏搏动极不规律，间歇性极强；四是狗忍受疼痛的能力要比人类强得多；五是狗不像人那么容易得传染病；六是狗的肺部结构非常特殊，小小的冲击就能让狗毙命，而人体有两个能够保证肺安全生长的腔体。

我们可以看到，这些专业的动物保护组织把目光聚焦在物种之间的差异上，他们在解剖学、生理学、生化学等领域坚持与主流理论相反的观点。他们确信从狗身上得出的实验结果并不能完全推广到人身上（事实上，用动物进行实验的科学家们并不会像动物保护人士所认为的那样去做，他们只是借助实验结果来解释有关的生理机制。此外，很少有药物专利管理部门会允许实验结果如此轻易地推广到对人的应用上）。

这类组织总是用大量的数据来支持和丰富自己的观点。据称，在现代实验中，应用最广泛的犬种是猎兔犬（史努比就是属于这一品种）。2000 年，在英国一共有 7632 个与狗有关的实验，其中 6872 个用的是猎兔犬，因为科学家们觉得这个犬种安静、个头小、"可操作性强"。这些猎兔犬中的很大一部分都是在被反活体解剖团体称为"宠物组装流水线"的特殊农庄饲养长大的（这和奥赛所处的时代不同，他们当时不得不自己想方设法弄到实验用狗；巴甫洛夫所处的时代就更不用提了）。两家著名的实验用狗培育商"英国哈伦公司"和"美国 SD 哈伦公司"把狗提供给全世界的研究者们。这些狗所参与的实验既包括我们先前提到的摘除术，也包括我们后面将要看到的基因改造。无论如何，绝大多数的实验都与新型药物试验有关。

　　还有一些让各类动物参与的实验确实是完全没有必要的，诸如"测试某种新型化妆品的刺激性"。在"德赖兹测试"① 中，人们把动物绑住，然后对它们其中一只眼睛用过量的药物进行测试，目的就是使用药的眼睛溃疡甚至失明，并且不对另一只眼睛采取任何措施，以作对照。

　　为了避免这些冷酷残忍的行为，减少受害动物的数量，威廉·拉塞尔和雷克斯·伯奇于 1959 年提出名为"3R 策略"的倡议：替换掉活体动物（reemplazar），减少实验数量（reducir），优化实验、减轻动物痛苦（refinarlo）。

　　这些反活体解剖团体同时援引了医学实验动物替代基金会（FRAME）的一项调查结果。这一结果是在研究 70 个医药公司用狗进行实验的案例后得出的：几乎在所有的实验报告中不提供与药物毒性有关的信息。研究结果最后还提到，在没有提供其他任何相关信息的情况下，医药公司实验中用到的狗的确切比例应为 92%。

　　来自美国普林斯顿大学的澳大利亚生物伦理学教授彼得·辛格（畅销书《动物解放》的作者）致力于让那些为拯救狗而创办的网站进入公众视线。他曾用一句话概括反

———————————

① 德赖兹测试又名"德赖兹 LD50 测试"，意为"50% 致死剂量"。

活体解剖的立场："即便狗和我们不同，我们也没有理由让它们来完成这些实验；即便狗和我们相同，我们也不能将这些人类视之为侮辱的实验施加到它们身上。"

针对专业动物保护组织的抵制，一些在实验室当中不得不使用动物的科学家予以反击，这些科学家很多来自北美洲。在北美洲的实验室当中，每年要使用的动物数量达到惊人的2500万只（它们中大多数除了狗，还有猩猩、鸭子、兔子、仓鼠、小白鼠以及一些鸟类）。在由崔斯特瑞姆·恩格尔哈特（贝勒大学）、杰罗尔德·特恩巴姆（加利福尼亚大学戴维斯分校）以及其他撰稿人共同编写的《为什么动物在实验中非常重要》一书中这样讲道：在医学实验中使用动物能使新型药品可能带来的问题最大限度地放大。

抛开那些抵制活体解剖的哲学性与伦理性依据不谈，在这一问题的表面下涌动着的，是支持此类实验的庞大资金面临流失的危险。现在好了，又有更多的人发声来反击那些抵制活体解剖的人。比如，凭借在器官移植排斥反应方面的研究于1990年获得诺贝尔生理学或医学奖的约瑟夫·默里曾表示："要不是用动物进行实验，后来接受了器官移植后生命得以延续的人没有一个能在当时活下去。这一切都与在实验中使用动物有关。"

说点不着边的：狗会算数

狗不单单被用来做实验。如果足够幸运的话，狗有时会被作为行为研究的对象。加利福尼亚大学戴维斯分校的一项研究表明，狗要比我们想象的聪明得多。这些科学家说狗能够识破谎言，能够通过吠来交流，甚至会加法算数。狗尖锐而短促的叫声表达的是对主人的眷恋，低沉而持续的叫声表示有陌生人靠近房子，在玩耍的时候也会发出尖锐而短促的叫声。研究结果对于狗拥有的数学能力是这样描述的：当面前有两堆数量不同的东西时，狗很清楚哪堆多哪堆少。

现在还有很多稀奇古怪的新鲜事物是给狗发明的，其中最有意思的当属被称作"狗语翻译器"的一种装置。事情大致是这样的：日本的多美公司（TAKARA TOMY）于2002年以120美元的价格在市场上推出了一款名叫"语译碗"的产品，并在日本和美国热卖了30万套。这套设备中有一个绑在狗项圈上的微型无线麦克风，8厘米长，这个麦克风会将狗发出的叫声传输到一个巴掌大小的接收器上，这个接收器连接着一个数据库。"接收器将狗发出的狂吠、呜咽等所有的声音分为六类：高兴、悲伤、沮丧、愤怒、赞成和渴望，然后用诸如'你在冒犯我'这样简单的语句表达出来。"许多声学专家和动物行为学专家参与了这一翻译器的研发。这一产品还被《时代》杂志评为了"2002年最酷发明"。

这只狗被涂了颜色！

巴西人爱德华多·卡茨并不能算是严格意义上的科学家。他也喜欢探索，不过是在艺术上的探索。他的一些项目与科学沾边，但没有完全获得成功。他把自己的作品定义为"转基因艺术"，当一只拥有水母基因的荧光兔子问世时，他会将它的形象绘制在日记的封面上。

那么究竟什么是"转基因艺术"呢？我们最好还是看一下爱德华多·卡茨的解释："我觉得转基因艺术是一种基于基因工程技术创造出来的新型艺术形式，把一种生物的性状转移给另一种生物，或通过组合基因培育出新的生命个体。"

卡茨后来和一些科学家共事。他有一个项目叫作"GFP-K9"，旨在通过基因工程技术创造出正宗的绿色的狗，就像他之前对兔子做的那样。卡茨认为，对于那些"本不需要任何附加的蛋白质或基质来让自己发光的狗"来说，这种实验是完全无害的。那么对于"科学艺术家"GFP-K9（这个是这只狗的名字，GFP 即 green fluorescent protein, 绿色荧光蛋白质，K9 是它的编号）来说，除了它的肤色，其他方面和别的狗没什么差别。绿色荧光蛋白质取自水母体内，并通过基因工程技术转移到狗的对应基因上。

作为美国芝加哥市艺术研究所艺术与技术学院的教授，卡茨还相信通过动物与植物，甚至是动物和人的基因混合，可以创造出美学意义上的新型物种。他坚信艺术家们可以通过发明新的生命形式来对丰富生物多样性作出贡献。

如果说用狗来进行新型药物实验引发了反活体解剖团体抵制的话，可想而知一定会有某些坚持"艺术纯粹"的组织出头回应卡茨的。

狗基因组计划

在 1995 年的时候——也就是在人类基因组 *热潮之前，狗基因组计划由来自加利福尼亚大学、俄勒冈大学和美国福瑞德·哈金森研究中心的科学家负责实施。和人类基因组计划以及其他物种的基因组计划一样，狗基因组计划的目的就是取得狗全部 39 对染色体的完整图谱。该计划由科学家贾斯珀·里奈领导，根据图谱提供的信息，"能够对致病基因以及控制狗的形态与行为的基因进行定位"。对他来说，基因能控制一切，包括动物最难以琢磨的行为。

此外，对于狗的遗传疾病问题，基因组计划也给出了答案，并让人们认识到为什么狗的心血管系统如此脆弱。同时，还能对狗潜在的癌症、癫痫及骨骼畸形等疾病进行研究，在得出结论后能够在这些疾病发病前便把病情控制住，或者通过适当的基因疗法加以治疗。

虽然狗的染色体图谱尚未绘制完整，但其初级版本已经可以通过网络查询了。

机器狗

根据生物进化的进程，从 35 亿年前的一个羞怯的细胞开始直到今天，由它进化而来的生物已经无从计数。它进化的结果之一——人类，建造了摩天大厦、宇宙飞船，创作了《白衣女人》这样的文学作品，也研制了包括原子弹在内的造成死亡的物品。而人们生产出的机器人也应该是现有生命的写照。根据这一观点（在现代社会已经根深蒂固），机器人是凭借人的想象甚至是模仿人的样子来制造的。

　　不过，也有机器人是模仿狗的形态做的。索尼公司推出过一款机器狗，它会摇动耳朵和尾巴，拥有高兴和难过的情绪，主人叫它的名字就会跑过来。这只名叫 AIBO（人工智能狗的英文缩写）的机器狗售价为 2000 美元。此外，中国的银辉玩具制品厂研制出了另一种智能狗，名叫 I-Cybie。为了扩大该产品的销售，生产商是这样进行宣传的："该产品不但像一只真正的狗一样可爱与亲切，而且完全不会让您受到呻吟与狂吠的烦扰。"

　　但狗不都是用来进行娱乐的。在目前各个领域对狗的应用中，最令人惊讶的当属对受到行为障碍困扰的儿童进行治疗的应用，这种方法被称作"动物辅助疗法"。从 2001 年起，布宜诺斯艾利斯市佩德罗·德埃利萨尔德儿童综合医院的医生决定让狗参与到对患有自闭症等有关疾病的儿童的治疗中。这些疾病中有一种叫作"阿斯伯格综合征"，患有这种疾病的儿童在同龄人面前不擅于语言沟通、反应迟钝。奇怪的是，这些面对同龄的小伙伴会感到恐慌的患儿却能和狗良好地相处，而且在与狗相处后，患儿也能逐渐克服与同龄人交往的障碍。

结束的话

当然，这么一本薄薄的书所涉及的有狗参与的科学研究仅仅是冰山一角，绝不可能穷尽全部。从众多的这类实验中我们只选择了最为著名的那些进行了介绍。如今世界上有数不清的实验室，在科学实验当中用到狗的案例实在是数不胜数。但狗的应用已受到控制，科学研究又立马变得中规中矩起来。

此外，调查研究的进行又证明了在我们的文化中，狗无处不在，几乎每一段历史进程都不难发现狗的身影。而本书各个章节伊始摘录的一些其他书的引文也都是很随性地安排的（当然我们有些引用的东西不是从书中来的，但也和动物有关，比如库丘和天狼星）。

此外，身为作者我必须承认，以前我对于狗这种动物完全没有好感，但在为此书做了大量的研究、阅读和写作后，我的心中涌动着一种对狗的同情。虽然这种同情不至于让我能把它们拥入怀里无限地爱怜，但我的确是对它们有了一定的感情。这种爱是柏拉图式的。

名词解释

豚鼠

啮齿目哺乳动物,看起来像兔子,但是耳朵和腿更短。它和老鼠是各类试验中被应用最多的小动物。

生态栖位

指在特定生态系统中某个物种占据的空间。这一"空间"指的是某种生物有可能以其他动物为食,以及生存于某种环境的范围,是生存的条件,只是一种功能性空间而不是有形的空间。

狗基因组计划

同人类基因组计划,但是是针对狗的。

线粒体 DNA

是部分遗传密码，这种遗传密码并不存在于所有细胞的细胞核中，而是除细胞核外的其他部分中，特别是在"细胞的动力工厂"线粒体中。因为线粒体主要遗传自母亲，所以常用线粒体 DNA 检测只通过母体遗传的遗传物质与性状来进行。

脱氧核糖核酸

英语缩写 DNA，是最为普遍的遗传物质，其双螺旋结构于 1953 年被沃森和克里克发现。脱氧核糖核酸被发现存在于地球上许多生物的体内，这一点为"万物同源"理论提供了强有力的佐证。看来达尔文是有道理的，至少粗略地看是这样。

动物行为学

通过比较研究动物行为的科学。康拉德·洛伦茨虽然不是该学科严格意义上的创始人，但确实是最伟大的开拓者之一。

显性性状

生物世界里任何一个生命体或物种的外在表现，是与隐性性状*相对的概念。

共生现象

是两种生命体间保持的某种程度上相互依赖的关系，这种关系对双方都有利。在本套丛书的另一册图书中，路易斯·瓦尔为大家区分了三种不同类型的共生关系：互利共生（对双方都用明显的好处）、寄生（对一方有利，对另一方会造成伤害）、无关共生（对双方既无利又无害）。感谢路易斯！

偶蹄目动物

即趾（指）为偶数的哺乳动物，例如犀牛和马。

史前时代

人们用这个名字来命名人类有文字记载之前的历史时期。因此，自从人们开始写字（或在山洞里的石头上作画）起，史前时代就结束了，真正的"历史"也随之开始。区分这两个时期的时间点非常不确定，这和我们所讨论的地理区域有很大的关系。

血管缝合术

这是一个极其复杂的概念，简单来说就是把人或者动物的血管接起来。

摘除术

将生物身体的一部分摘除。在人类医学当中常用于肿瘤摘除，在实验医学中用于在实验室内激发动物身体内部的反应。

人类基因组计划

这是一项将构成人类基因组破译出来的伟大工作。总的来说，就是将组成人类基因组的约 30 亿对核苷酸序列全部绘制出来。有这样一条推论——这个计划的最大成果将是了解各类疾病都是由哪些基因控制的。

隐性性状

生命体或物种遗传特征的总称。根据定义，这些遗传特征并不会外在地表现出来，但会储存在生命体的每一个细胞中。

资料来源

Lorenz, Konrad, Cuando el hombre encontró al perro, Barcelona, Tusquets, 1999.

1973 年诺贝尔生理学或医学奖获得者洛伦兹和他数不尽的狗狗们有一系列十分有趣的逸事，其中就包括我们前面讲到的他对于"人类与狗最初相遇"的假设。同时他还批判了现在的动物饲养者们对宠物狗心理层面的忽视，这让它们变得紧张而行为异常。"在过去，在狗具备日常所需的实用性并且外形还不是那么重要的时候，从一窝小狗中选出的那些狗不存在所谓的'心理状况被忽视'的危险。"这一点非常值得重视。

Darwin, Charles, *El origen de las especies*, Barcelona, Planeta-De Agostini, 1995.

为了完成这部扛鼎之作，"进化学之父"达尔文耗时30年用来搜集整理相关信息证明自己的观点。要不是阿尔弗雷德·拉塞尔·华莱士紧随他的脚步发表了一篇文章，展示了地球上生命发展的基本机制的话，达尔文可能还在对自己的著作进行数据确认和修订呢。此外，达尔文还经常以狗为例来证明动物即便在家养状态下仍旧会发生特定的变化。

Morris, Desmond, *El mono desnudo*, Bogotá, Plaza & Janés, 1992.

实际上，这本书主要讲的是狗最好的盟友——人类，旨在纯粹用生物学的视角思考人类。当然，书中有一些篇章涉及了狗。

Lozoya, Xavier, *El ruso de los perros. Iván P.Pavlov, México*, Pangea Editores, 1989.

这本书中由一些巴甫洛夫的自传片段、罗索亚简短的传记介绍以及《条件反射生理学》的片段组成的。这本书有开本大、价格低、字体大的优点。我们从中摘取了巴甫洛夫关于自己实验的一些谈话。

Starr, Douglas, *Historia de la sangre. Leyenda, ciencia y negocio*, Barcelona, Sine Qua Non, 2000.

一本记述与血有关的历史的非常有趣的书。本书从中摘取了对于人类最初的输血实验以及洛威尔的描写。

Angela, Piero y Angela, Alberto, *La extraordinaria historia de la vida*, Barcelona, Grijalbo, 1999.

这是一本 700 页厚的无聊至极的书。就像书名所说的那样，书中讲述了地球上的生命从一个 35 亿年前幸存的一个小小细胞演变到现在我们所处的生命世界。狗的进化也组成了其中很小的一部分。全书分为两个部分，第二部分叙述的焦点主要聚集在人类作为一个物种的进化史上。

Cereijido, Marcelino, *La nuca de Houssay. Laciencia argentina entre Billiken y el exilio*, México, Fondo de Cultura Económica, 2000.

该书讲述了阿根廷科学的幸与不幸，内容主要围绕奥赛和他的研究展开。后来，塞莱伊西多（奥赛的学生）讲述了一些和狗有关的故事，这些狗参与了让奥赛获得诺贝尔奖的研究。

Salvaggio, Santos, *Premios Nobel*, Barcelona, Hispania Sopena, 1980.

书中的许多科学家都当之无愧地获得了诺贝尔奖。这本书对于 1980 年以前诺贝尔奖的获奖情况记录得非常完整，如果想要了解瑞典科学院的评选标准，参考这本书是再合适不过的了。

Pavlov, Iván, *Reflejos condicionados e inhibiciones*, Barcelona, Planeta-De Agostini, 1993.

这是一本由巴甫洛夫本人亲自写就的专业性书籍，但是只要你想看还是非常好懂的。蒙特塞拉特·埃斯特维于 1967 年为本书撰写了一篇简短而有趣的序言。另外，本书是巴甫洛夫的文章及演讲的汇编。

Grodsinsky, S. y Lerena de la Serna,E., *¿Quéno es un perro?*; Buenos Aires, Editorial LibrosEthológicos, 1997.

这本书在与狗有关的内容上包罗万象，从最简单的常识到你能想到的最复杂的问题都能从中找到答案。书中包含了专家对 300 多个问题的回答，这些问题都和狗，或者狗与人的相互影响有关。

Mosterín,Jesús, *¡Vivan los animales!*, Madrid,Debate, 1998.

这本书的作者是一位西班牙哲学家，他希望通过本书探讨人类与其他动物之间的复杂关系。书中包括一些关于他反对活体解剖、斗牛以及其他某些人类活动的章节。当然，有一章是专门写狗和狼的。

Clarín, Suplemento Espectáculos, sábado 23 de agosto de 2003. "Zooterapia para niños con autismo", de Carolina Muzi.

Página/12, Suplemento de ciencias Futuro, sábado 2 de noviembre de 2002. "El legado de Laika", artículo de Mariano Ribas.

Página/12, suplemento de ciencias Futuro, sábado 6 de enero de 2001. "Arte transgénico", artículo de Juan Pablo Bermúdez.

Sitio web del Proyecto Ameghino www.argiropolis.com.

ar/ameghino www.unq.edu.ar/iec/ameghino

该网站拥有阿根廷主要科学家们的大量信息。

Sitio web contra las experimentaciones con animales, especialmente si se trata de vivisecciones, (con abundante información) www.buav.org

该网站上有一个小时钟，它告诉我们在美国每一秒钟、在日本每两秒钟、在英国每十二秒钟都有一只动物在实验室丧命。

一些有关用狗进行试验的最新消息是从 Noticias.com 上获得的。

www.animalplanetlatino.com

网站上有许多不同品种的狗以及其他主题的故事。此外，还有优秀纪录片指南。

www.perrosargentinos.com.ar

本书作者浏览过的与狗有关的最好的网站。网站上有大量的信息，被称为"不同品种狗的饲养者的互联网指南"，但其功能绝不局限于此。

　　爱争论的爱德华多·卡茨有自己的网站:

www.ekac.org

www.todoperros.com

　　这是另一个能够广泛激发爱狗人士兴趣的网站。里面有一些很棒的文章，有一些是阿根廷杜高犬饲养与研究者何塞·希罗蒂和卡洛琳娜·古尔基写的。

图书在版编目（CIP）数据

　　快跑，狗狗"科学家"来了 / (阿根廷) 马丁·德·安布罗西奥著 ; 于杨译 . -- 海口 : 南海出版公司，2023.7
　　（科学好简单）
　　ISBN 978-7-5735-0406-7

　　Ⅰ . ①快… Ⅱ . ①马… ②于… Ⅲ . ①犬－普及读物 Ⅳ . ① S829.2-49

　　中国国家版本馆 CIP 数据核字 (2023) 第 104215 号

著作权合同登记号　图字：30-2023-035

El mejor amigo de la ciencia: Historias con perros y científicos
© 2004, Siglo XXI Editores Argentina S.A.
© of cover illustration, Mariana Nemitz & Claudio Puglia

（本书中文简体版权经由锐拓传媒旗下小锐取得 Email:copyright@rightol.com）

KUAI PAO, GOU GOU "KEXUEJIA" LAI LE
快跑，狗狗"科学家"来了

作　　者	[阿根廷] 马丁·德·安布罗西奥	
译　　者	于　杨	
责任编辑	吴　雪	
策划编辑	张　媛　雷珊珊	
封面设计	柏拉图	
出版发行	南海出版公司　电话：（0898）66568511（出版）　（0898）65350227（发行）	
社　　址	海南省海口市海秀中路 51 号星华大厦五楼　邮编：570206	
电子信箱	nhpublishing@163.com	
印　　刷	北京建宏印刷有限公司	
开　　本	787 毫米 ×1092 毫米　1/32	
印　　张	4.25	
字　　数	68 千	
版　　次	2023 年 7 月第 1 版 2023 年 7 月第 1 次印刷	
书　　号	ISBN 978-7-5735-0406-7	
定　　价	36.80 元